KB044083

2024 새로운 출제 기준에 의한

설비보전기사 실기
(전기 공유압회로 설계 및 구성)

윤 홍 식

머 리 말

  산업 현장에서 사용되는 설비는 기술 수준이 발전함에 따라 전기, 전자, 정보, 제어 기술이 융합되면서 자동화·대형화되고 우수한 성능을 가진 시스템으로 발전하고 있다. 이러한 설비의 관리 및 운영은 기업의 생산성 향상에 밀접하게 연관되어 있으므로, 설비는 계획적이고 체계적인 점검과 보수를 통해 효율적으로 관리되어야 한다. 따라서 기업은 설비에 대한 특성을 파악하고 발생하는 문제를 해결할 수 있는 능력을 갖춘 기술자의 확보가 필수적이다.

  2020년부터 시행된 기계설비법에서는 일정 규모 이상의 건축물에 대해서 기계설비의 안전 및 성능 확보와 효율적 관리를 위한 기계설비유지관리자 선임을 의무화하고 있어 설비보전기사 자격 취득자에 대한 수요가 증가하고 있다.

  이 책은 설비보전기사 작업형 실기 시험을 준비하는 수험생을 위해 출판되었으며 특징은 다음과 같다.

1. 2022년 국가기술자격 기사 제1회부터 적용되는 변경된 출제기준을 반영하였다.
2. 수험생의 학습 부담을 최소화 하도록 시험에 필요한 내용에 대해서 정리하였다.
3. 공유압 기호는 여러 규격의 기호가 혼용되거나 임의의 기호로 표기되어 도면 판독이 어려운 경우가 있다. 이 책에서 사용된 기호는 수험생이 학습 단계에서 올바른 기호를 익힐 수 있도록 ISO와 IEC 국제 표준 기호로 표기되었다.
4. 전기 배선에 의해서만 이루어지는 시스템의 동작은 마이크로프로세서를 이용하는 PLC 또는 시뮬레이션 결과와 일치하지 않을 수 있다. 이 책에 적용된 전기회로는 동작의 오류를 최소화 하는 방식으로 설계 및 검증되었다.

  이 책은 전기 공유압 제어 이론에 관한 PART 01과 공개 문제를 풀이한 PART 02로 나누어져 있다. PART 01의 제1장과 제2장은 공유압 기기와 공유압 회로를, 제3장은 전기회로 기초에 대해 기술한다. 제4장은 기본 제어 동작의 오류를 수정하고 응용제어 동작을 구현하는 데 필요한 전기회로도 설계 방법을 설명한다. PART 02에서는 공개된 설비보전기사 작업형 실기 문제의 풀이를 수록하였다.

  이 책을 집필하면서 여러 번의 검토를 진행했지만 저자의 실수 등으로 인한 오류가 있을 수 있다. 수험생의 지적과 조언을 바라며 발견되는 오류들은 보완해 나갈 계획이다. 끝으로 이 책을 출판하도록 배려해 주신 도서출판 광문각의 관계자 여러분께 감사드린다.

E N G I N E E R   P L A N T   M A I N T E N A N C E

설비보전기사 자격시험 안내 📢

▶ 검정형 자격 시험 정보

자격명: 설비보전기사

영문명: Engineer Plant Maintenance

관련 부처: 산업통상자원부

시행기관: 한국산업인력공단

▶ 기본 정보

1) 개요

국가적으로 플랜트 설비를 잘관리하느냐 못하느냐에 따라 국익에 미치는 영향이 크므로 설비관리를 기술적으로 담당하는 기술인력이 산업사회에 요구되어 자격제도 제정

2) 변천과정

2005년 설비보전기사로 신설(노동부령 제239호, 2005.11.11)

3) 수행 직무

일정한 주기로 플랜트 설비의 진동소음 등을 측정분석하여 설비상태를 판단하고 기계요소 및 윤활상태를 철저히 점검 관리하여 돌발고장이 발생하지 않도록 최적의 설비상태를 유지토록 업무를 수행

4) 실시 기관 홈페이지

http://www.q-net.or.kr

5) 실시 기관명

한국산업인력공단

4

6) 진로 및 전망

화학, 제철, 전자부품조립, 전력설비등 설비를 갖춘 모든 산업체로 진출이 가능하며, 해당업체는 원료를 절약하여 회사의 이익을 창출하는데 한계가 있으므로 결국 설비를 어떻게 잘 관리했느냐 못했느냐에 따라 회사이익이 좌우될 수 있어 향후 설비보전 기술요원에 대한 전망은 밝다고 볼 수 있음

7) 검정형 자격 시험 정보(수수료)

필기: 19,400 원

실기: 68,000 원

8) 출제 경향

- 큐넷(www.q-net.or.kr) 고객지원〉자료실의 출제기준을 참고바랍니다.

- 실기시험은 멀티미디어(동영상) 시험 및 작업형 시험(전기공유압회로 설계 및 구성작업)으로 평가합니다.(작업형 실기시험 공개문제 참조)

9) 취득 방법

① 시행처: 한국산업인력공단

② 관련학과: 대학 및 전문대학의 기계 관련학과

③ 시험과목

- 필기: 1. 설비진단 및 계측 2. 설비관리 3. 기계일반 및 기계보전 4. 공유압 및 자동화

- 실기: 설비보전 실무

④ 검정 방법

- 필기: 객관식 4지 택일형 과목당 20문항(과목당 30분)

- 실기: 작업형(멀티미디어(동영상) 1시간, 50점 / 작업형 2시간, 50점)

⑤ 합격 기준

- 필기: 100점을 만점으로 하여 과목당 40점 이상, 전과목 평균 60점 이상

- 실기: 100점을 만점으로 하여 60점 이상

출제기준(필기)

직무 분야	기계	중직무 분야	기계장비 설비·설치	자격 종목	설비보전기사	적용 기간	2022.1.1.~ 2024.12.31

○ 직무 내용: 생산시스템이나 설비(장치)의 설비보전에 관한 전문적인 지식을 가지고, 생산설비 등을 최적의
상태로 효율적으로 유지하기 위해 일상점검 및 정기점검을 통한 설비진단을 하고 고장부위를 정비하거나
유지, 보수, 관리 및 운용 등을 수행하는 직무이다.

필기 검정 방법	객관식	문제 수	80	시험 시간	2시간

필 기 과목명	출제 문제 수	주요 항목	세부 항목	세세 항목
설비진단 및 계측	20	1. 설비 진동 및 소음	1. 설비진단의 개요	1. 설비진단의 개요 2. 소음진동 개론
			2. 진동 및 측정	1. 진동의 물리적 성질 2. 진동 발생원과 특성 3. 진동방지 대책 4. 진동측정원리 및 기기 5. 회전기기 진단
			3. 소음 및 측정	1. 소음의 물리적 성질 2. 소음 발생원과 특성 3. 소음방지 대책 4. 소음측정원리 및 기기
			4. 비파괴 개론	1. 비파괴 개요 2. 침투, 자기 비파괴검사 3. 방사선, 초음파 비파괴검사 4. 누설검사, 음향탐상검사 등 기타 검사
		2. 계측	1. 계측기	1. 온도, 압력, 유량, 액면의 계측 2. 회전수의 계측 3. 전기의 계측
			2. 계측의 자동화	1. 센서와 신호변환 2. 프로세스제어

필 기 과목명	출 제 문제 수	주요 항목	세부 항목	세세 항목
설비관리	20	1. 설비관리계획	1. 설비진단의 개요	1. 설비관리의 개요 2. 설비의 범위와 분류
			2. 설비계획	1. 설비계획의 개요 2. 설비배치 3. 설비의 신뢰성 및 보전성 관리 4. 설비의 경제성 평가 5. 정비계획 수립
			3. 설비보전의 계획과 관리	1. 설비보전과 관리시스템 2. 설비보전의 본질과 추진방법 3. 공사관리 4. 설비보전관리 및 효과 측정 5. 보존용 자재관리
		2. 종합적 설비 관리	1. 공장 설비관리	1. 공장설비관리의 개요 2. 계측관리 3. 치공구 관리 4. 공장 에너지 관리
			2. 종합적 생산보전	1. 종합적 생산보전의 개요 2. 설비효율 개선방법 3. 만성로스 개선방법 4. 자주보전 활동 5. 품질개선 활동
		3. 윤활관리의 기초	1. 윤활관리의 개요	1. 윤활관리와 설비보전 2. 윤활관리의 목적 3. 윤활관리의 방법
			2. 윤활제의 선정	1. 윤활제의 종류와 특성 2. 윤활유의 선정기준 3. 그리스의 선정기준 4. 윤활유 첨가제
		4. 윤활방법과 시험	1. 윤활 급유법	1. 윤활유계의 윤활 및 윤활방법 2. 그리스계의 윤활 및 윤활방법
			2. 윤활기술	1. 윤활기술과 설비의 신뢰성 2. 윤활계의 운전과 보전 3. 윤활제의 열화관리와 오염관리 4. 윤활제에 의한 설비진단 기술 5. 윤활설비의 고장과 원인
			3. 윤활제의 시험방법	1. 윤활유의 시험방법 2. 그리스의 시험방법
		5. 현장윤활	1. 윤활개소의 윤활관리	1. 압축기의 윤활관리 2. 베어링의 윤활관리 3. 기어의 윤활관리 4. 유압 작동유 및 오염관리

필기 과목명	출제 문제 수	주요 항목	세부 항목	세세 항목
기계일반 및 기계보전	20	1. 기계일반	1. 기계요소제도	1. 결합용 기계요소제도 2. 축·관계 기계요소제도 3. 전동용 기계요소제도 4. 제어용 기계요소제도
			2. 기계공작법	1. 공작기계의 종류와 특성 2. 손 다듬질 3. 용접 4. 열처리 및 표면처리
		2. 기계보전	1. 보전의 개요	1. 측정기구 및 공기구 2. 보전용 재료 3. 보전에 관한용어 4. 고장의 종류 해석에 관한 용어
			2. 기계요소 보전	1. 체결용 기계요소의 보전 2. 축 기계요소의 보전 3. 전동용 기계요소의 보전 4. 제어용 기계요소의 보전 5. 관계 기계요소의 보전
			3. 기계장치 보전	1. 밸브의 점검 및 정비 2. 펌프의 점검 및 정비 3. 송풍기의 점검 및 정비 4. 압축기의 점검 및 정비 5. 감속기의 점검 및 정비 6. 전동기의 점검 및 정비
		3. 산업안전	1. 산업안전의 개요	1. 산업안전의 목적과 정의 2. 산업재해의 분류
			2. 산업설비 및 장비의 안전	1. 기계작업 및 취급의 안전 2. 가스 및 위험물의 안전 3. 산업시설의 안전
			3. 산업안전 관계법규	1. 산업안전 보건법

필 기 과목명	출 제 문제 수	주요 항목	세부 항목	세세 항목
공유압 및 자동화	20	1. 공유압	1. 공유압의 개요	1. 기초이론 2. 공유압의 원리 3. 공유압의 특성
			2. 유압기기	1. 유압 발생장치 2. 유압제어밸브 3. 유압 액추에이터 4. 유압부속기기
			3. 공압기기	1. 공기압 발생장치 2. 공압 제어밸브 3. 공압 액추에이터
			4. 공유압 기호 및 회로	1. 공압 기호 및 회로 2. 유압 기호 및 회로
		2. 자동화	1. 자동화 시스템의 개요	1. 자동화시스템의 개요 2. 제어와 자동제어 3. 핸들링 4. 전기회로 구성요소와 기초 전기 　회로 5. 전동기기
			2. 자동화 시스템의 보전	1. 자동화 시스템 보전의 개요 2. 자동화 시스템 보전 방법

출제기준(실기)

직무 분야	기계	중직무 분야	기계장비 설비 · 설치	자격 종목	설비보전기사	적용 기간	2022.1.1.~ 2024.12.31

○ 직무 내용: 생산시스템이나 설비(장치)의 설비보전에 관한 전문적인 지식을 가지고, 생산설비 등을 최적의 상태로 효율적으로 유지하기 위해 일상점검 및 정기점검을 통한 설비진단을 하고 고장부위를 정비하거나 유지, 보수, 관리 및 운용 등을 수행하는 직무이다.

○ 수행 준거
　1. 설비(장치)를 이해하고 보전 장비를 사용하여 체결용, 축·관계, 베어링, 전동장치에 대한 기계요소를 보전할 수 있다.
　2. 설비진단 장비를 활용하여 진동 및 소음 측정을 할 수 있다.
　3. 윤활관리 지식을 활용하여 윤활유에 대한 오염 및 열화 현상을 이해하고 급유법과 윤활유 선정을 할 수 있다.
　4. 유공압, 전기 회로를 이해하고 설계 및 구성하여 동작시킬 수 있다.

실기검정 방법	작업형	시험 시간	3시간 정도 (동영상: 1시간, 작업형: 2시간)

실 기 과목명	주요 항목	세부 항목	세세 항목
설비보전 실무	1. 설비보전(동영상)	1. 기계요소 보전하기	1. 체결용 기계요소를 진단하고 예방 보전 및 사후보전을 할 수 있어야 한다. 2. 축용 기계요소를 진단하고 예방 보전 및 사후보전을 할 수 있어야 한다. 3. 베어링 요소를 진단하고 예방 보전 및 사후보전을 할 수 있어야 한다. 4. 전동용 장치를 진단하고 예방 보전 및 사후보전을 할 수 있어야 한다. 5. 관용기계요소를 진단하고 예방 보전 및 사후보전을 할 수 있어야 한다. 6. 유공압 및 유체기계를 진단하고 예방보전 및 사후보전을 할 수 있어야 한다.
		2. 설비진단하기	1. 회전기계에 진동 시스템을 구축하여 고유진동을 측정할 수 있어야 한다. 2. 각종 산업기계의 간이 진단 및 정밀진단을 통하여, 진동을 측정하고 이를 분석하여 원인과 대책을 수립하고 예방 보전할 수 있어야 한다. 3. 각종 산업기계의 간이 진단 및 정밀진단을 통하여, 소음을 측정하고 이를 분석하여 원인과 대책을 수립하고 예방 보전할 수 있어야 한다.

		3. 윤활 관리하기	1. 윤활유 검사기를 이용하여, 윤활유의 오염도를 측정하여 오염의 원인을 파악하고, 오염방지를 할 수 있어야 한다 2. 윤활유 검사기를 이용하여, 윤활유의 열화를 측정하여 열화의 원인을 파악하고, 열화지연을 할 수 있어야 한다 3. 윤활유 급유장치를 이용하여, 각종산업기계에 사용 되는 윤활유를 공급할 수 있어야 한다. 4. 윤활유의 각종 물리적 성질 및 화학적 성질을 이해 하고, 산업기기의 특성에 맞는 윤활유를 선정할 수 있어야 한다.
2. 설비보전(작업)	1. 설비구성 작업하기		1. 전기공압 회로도를 수정할 수 있으며, 부가조건을 이용하여 회로를 재구성하여, 사후보전 및 개량보전을 할 수 있어야 한다. 2. 전기 유압 회로도를 수정할 수 있으며, 부가조건을 이용하여 회로를 재구성하여, 사후보전 및 개량보전을 할 수 있어야 한다.
	2. 유공압회로 도면 파악하기		1. 유공압 회로도를 파악하기 위하여 유공압 회로도의 부호를 해독할 수 있다. 2. 유공압 회로도에 따라 정확한 유공압 부품의 규격을 파악할 수 있다. 3. 유공압 회로도를 이용하여 세부 점검 목록을 확인 후 정확한 고장 원인과 비정상 작동 등을 파악할 수 있다.
	3. 유공압 장치 조립하기		1. 작업표준서에 따라 유공압 장치 부품의 지정된 위치를 파악하고 정확히 조립할 수 있다. 2. 유공압 장치를 조립하기 위하여 규격에 적합한 조립 공구와 장비를 사용할 수 있다. 3. 유공압 장치 조립 작업의 안전을 위하여 유공압 장치 조립 시 안전 사항을 준수 할 수 있다.
	4. 유공압 장치 기능 확인하기		1. 유공압 장치의 기능을 확인하기 위하여 조립된 유공압 장치를 검사하고 조립도와 비교할 수 있다. 2. 조립된 유공압 장치를 구동하기 위하여 동작 상태를 확인하고 이상 발생 시 수정하여 조립할 수 있다. 3. 유공압 장치의 기능을 확인하기 위하여 측정한 데이터를 기록하고 관리할 수 있다.

목 차

PART 01. 전기 공유압 제어 이론

Chapter 01 공유압 기기 ··17

1. 공기압 장치 ··19
  1.1 공기압 장치의 구성 ··19
  1.2 공기압 발생 장치 ··20
  1.3 공기압 제어 밸브 ··22
  1.4 공기압 작동기 ··25
2. 유압 장치 ··26
  2.1 유압 장치의 구성 ··26
  2.2 유압 동력 장치 ··27
  2.3 유압 제어 밸브 ··28
  2.4 유압 작동기 ··35
  2.5 유압 부속 기기 ··35

Chapter 02 공유압 회로 ··37

1. 공기압 제어 회로 ··37
  1.1 속도 제어 회로 ··37
  1.2 압력 제어 회로 ··39
2. 유압 제어 회로 ··40
  2.1 속도 제어 회로 ··41
  2.2 압력 제어 회로 ··43
  2.3 기타 응용 회로 ··47

Chapter 03 전기회로 기초 ··49

1. 전기 제어 기초 용어 ··49

2. 전기 기기 ‥50

  2.1 접점(contact) ‥50

  2.2 스위치(switch) ‥51

  2.3 전자 계전기(릴레이, relay) ‥54

  2.4 타이머(timer) ‥55

  2.5 카운터(counter) ‥56

  2.6 솔레노이드 밸브(solenoid valve) ‥56

  2.7 램프(lamp), 부저(buzzer) ‥57

3. 전기 실습 장치 ‥57

4. 전선 색상의 구분 ‥60

5. 전기 공유압 기본 회로 ‥61

  5.1 a접점, b접점, c접점에 의한 실린더 제어 ‥61

  5.2 논리회로 ‥62

  5.3 자기유지회로 ‥63

  5.4 인터록(inter lock)회로 ‥65

  5.5 실린더 자동 복귀 회로 ‥65

  5.6 여자 지연(on delay) 타이머 응용 회로 ‥67

  5.7 카운터 응용 회로 ‥68

  5.8 3선식 PNP형 근접 스위치 적용 회로 ‥70

Chapter 04 전기회로도 설계 ‥71

1. 변위 단계 선도 ‥71

2. 기본제어동작 전기회로도 설계 ‥72

  2.1 전기회로 설계 방법 1 ‥72

  2.2 전기회로 설계 방법 2 ‥78

  2.3 전기회로 설계 방법 3 ‥84

  2.4 전기회로 설계 방법 4 ‥90

  2.5 전기회로 설계 방법 5 ‥95

3. 응용제어동작 전기회로도 설계 ‥100

  3.1 타이머에 의한 시간 지연 동작 ‥100

3.2 연속동작 회로 ··100

3.3 카운터를 이용한 연속동작 정지 회로 ··102

3.4 압력 스위치 적용 ··103

3.5 비상정지 ··104

3.6 연속동작 완료와 동시에 램프 점등 ··106

PART 02. 설비보전기사 실기 작업형 공개 문제 풀이

공개문제 ··109

공개 01
01 전기공기압회로 설계 및 구성작업 ··114
02 전기유압회로 설계 및 구성작업 ··119

공개 02
01 전기공기압회로 설계 및 구성작업 ··124
02 전기유압회로 설계 및 구성작업 ··129

공개 03
01 전기공기압회로 설계 및 구성작업 ··134
02 전기유압회로 설계 및 구성작업 ··139

공개 04
01 전기공기압회로 설계 및 구성작업 ··144
02 전기유압회로 설계 및 구성작업 ··149

공개 05
01 전기공기압회로 설계 및 구성작업 ··154
02 전기유압회로 설계 및 구성작업 ··159

공개 06
01 전기공기압회로 설계 및 구성작업 ‥164
02 전기유압회로 설계 및 구성작업 ‥169

공개 07
01 전기공기압회로 설계 및 구성작업 ‥174
02 전기유압회로 설계 및 구성작업 ‥179

공개 08
01 전기공기압회로 설계 및 구성작업 ‥184
02 전기유압회로 설계 및 구성작업 ‥189

공개 09
01 전기공기압회로 설계 및 구성작업 ‥194
02 전기유압회로 설계 및 구성작업 ‥199

공개 10
01 전기공기압회로 설계 및 구성작업 ‥204
02 전기유압회로 설계 및 구성작업 ‥209

공개 11
01 전기공기압회로 설계 및 구성작업 ‥214
02 전기유압회로 설계 및 구성작업 ‥219

공개 12
01 전기공기압회로 설계 및 구성작업 ‥224
02 전기유압회로 설계 및 구성작업 ‥229

공개 13
01 전기공기압회로 설계 및 구성작업 ‥234
02 전기유압회로 설계 및 구성작업 ‥239

공개 14
01 전기공기압회로 설계 및 구성작업 ‥244
02 전기유압회로 설계 및 구성작업 ‥249

[참고 문헌] ‥254

전기 공유압제어 이론

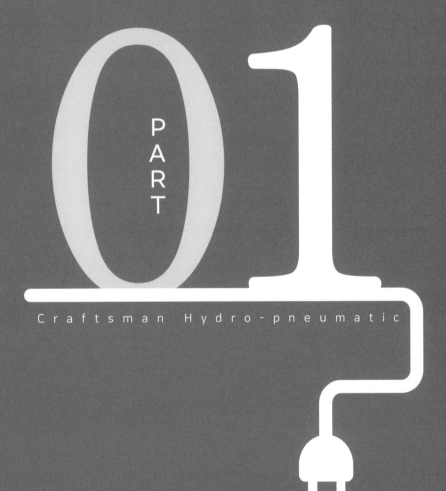

PART

01

Craftsman Hydro-pneumatic

공유압 기기

1. 공기압 장치

1.1 공기압 장치의 구성

공기압 기기는 전동기 등으로 공기압축기를 구동하여 기계적 에너지를 압력 에너지로 변환시키고, 압축된 공기를 제어하여 액추에이터에 공급하는 일련의 기기를 의미하며, 이러한 공기압 기기의 결합체를 공기압 장치라고 한다.

일반적인 공기압 장치는 압축공기를 생산하는 공기압 발생 장치, 압축공기의 압력, 방향, 유량을 제어하는 공기압 제어 밸브, 압축공기에 의해 기계적 일을 하는 액추에이터, 공기압 부속기기, 배관으로 구성된다.

[그림 1.1]에 공기압 장치의 기본 구성을 나타내었다.

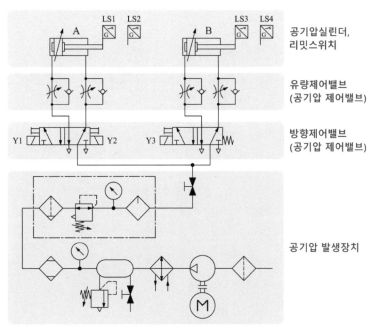

[그림 1.1] 공기압 장치의 구성

1.2 공기압 발생 장치

[그림 1.2]의 (a)는 공기압 발생 장치의 구성과 압축공기의 생산 과정을 기호로 나타낸 것이며, 간략 기호는 (b)와 같이 표현된다.

① 흡입필터를 통과하여 이물질이 제거된 공기는 ② 전기모터로 구동되는 ③ 공기압축 기에 의해서 압축된다. 압축된 공기는 고온이므로 ④ 애프터쿨러(냉각기)에 의해 냉각되 어 ⑤ 공기탱크로 저장된다. 공기탱크에는 응축수를 배출하는 ⑥ 드레인 배출밸브, 공기 탱크 내의 압력이 설정 압력보다 높아지는 경우에 고압의 압축공기를 배기하는 ⑦ 릴리 프밸브, 압력을 확인할 수 있는 ⑧ 압력 게이지가 설치되어 있다. 압축공기 중에 포함된 수분은 ⑨ 건조기에 의해 제거된다. 수분이 건조된 압축공기는 ⑩ 공기압 서비스 유닛으 로 전달되어 ⑪ 필터에 의한 수분 및 이물질 제거, ⑫ 압력조절밸브에 의한 사용 압력의 설정, ⑭ 윤활기에 의한 윤활유 급유 과정을 거친 후에 사용된다.

[표 1.1]에 공기압 발생 장치 구성품의 명칭과 용도를 정리하여 나타내었다.

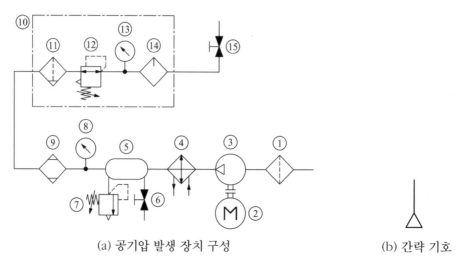

(a) 공기압 발생 장치 구성   (b) 간략 기호

[그림 1.2] 공기압 발생 장치

[표 1.1] 공기압 발생 장치 구성품의 명칭과 용도

번호	명칭	용도
1	흡입 필터	공기 중의 이물질 제거
2	전기모터	공기 압축기를 구동
3	공기 압축기	압축 공기 생산
4	애프터 쿨러(냉각기)	고온의 압축 공기를 냉각
5	공기 탱크	압축 공기를 저장
6	드레인 배출 밸브	공기 탱크 내의 응축수 배출
7	릴리프 밸브	설정 압력 이상일 때 공기를 배출
8	압력 게이지	압력을 표시
9	공기 건조기	압축 공기 중의 수분을 건조시켜 제거
10	공기압 서비스 유닛	필터, 압력 조절 밸브, 윤활기를 조합한 기기
11	드레인 배출기 붙이 필터	압축 공기 중의 이물질 및 수분을 제거
12	압력 조절 밸브	장치의 사용 압력을 설정
13	압력게이지	사용 압력을 표시
14	윤활기	장치에 윤활유 공급
15	스톱 밸브	압축 공기의 흐름을 개폐

1.3 공기압 제어 밸브

1.3.1 압력 제어 밸브

□ 감압 밸브

　공기압 회로에서 일부분의 압력을 주회로의 압력보다 저압으로 감압하는 목적으로
사용되는 밸브이다. 공기압 서비스 유닛의 압력 제어 밸브는 감압 밸브가 사용되며,
공기 압축기에서 생산된 압축 공기의 압력을 감압하여 사용하는 장치에 공급한다.

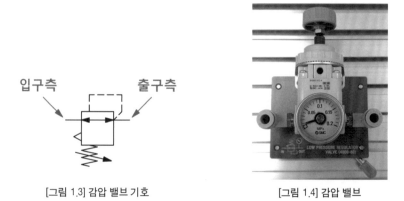

[그림 1.3] 감압 밸브 기호 　　　　　　　[그림 1.4] 감압 밸브

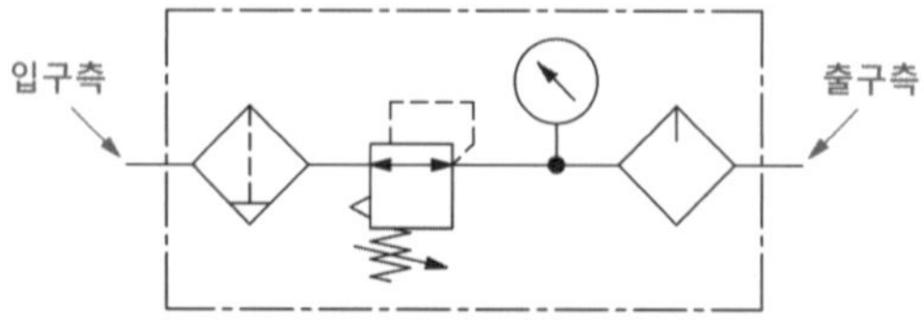

[그림 1.5] 공기압 서비스 유닛 기호

[그림 1.6] 공기압 서비스 유닛

1.3.2 유량 제어 밸브

1) 교축밸브(throttle)

교축밸브는 유로의 단면적을 변화시켜 통과 유량을 제어하는 밸브로써, 체크밸브가 내장되지 않으므로 양방향으로 압축공기의 유량을 조절할 수 있다.

[그림 1.7] 교축밸브 기호

2) 일방향 유량조절밸브

유체의 흐름은 양쪽 방향으로 가능하지만 유량의 조절은 한쪽 방향으로만 가능하도록 체크밸브와 교축밸브를 조합하여 구성한 밸브이다. [그림 1.8]에서 체크밸브가 한쪽 방향의 유체 흐름을 차단하므로 압축공기의 유량은 교축밸브에 의해 조절된다.

[그림 1.8] 일방향 유량조절밸브 기호

[그림 1.9] 일방향 유량조절밸브

1.3.3 방향제어밸브

1) 5포트 2위치 편측 솔레노이드 밸브

5포트 2위치 편측 솔레노이드(편솔) 밸브는 초기 상태에서 P포트로 공급된 압축공기가 B포트로 전달되고, A포트로 유입되는 압축공기는 R포트를 통해 배기된다. 솔레노이드에 전원이 인가되면 P포트로 공급된 압축공기는 A포트로 전달되고, B포트로 유입되는 압축공기는 R포트를 통해 배기된다. 솔레노이드에 전원이 차단되면 밸브는 스프링에 의해 초기 상태로 복귀한다.

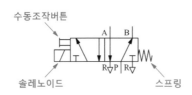

[그림 1.10] 5/2way 편솔밸브 기호

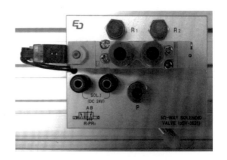

[그림 1.11] 5/2way 편솔밸브

2) 5포트 2위치 양측 솔레노이드 밸브

5포트 2위치 양측 솔레노이드(양솔) 밸브는 두 개의 솔레노이드 동작에 의해서 P포트로 공급되는 압축공기를 A 또는 B 포트로 전달한다. [그림 1.12]에서 P 포트의 압축공기는 왼쪽의 솔레노이드에 전원이 인가되면 A포트로 전달되고, 오른쪽의 솔레노이드에 전원이 인가되면 B포트로 전달된다. 밸브를 초기 상태로 복귀시키는 스프링이 내장되지 않으므로 솔레노이드에 전원이 차단되어도 밸브는 마지막 동작 상태를 유지하게 된다.

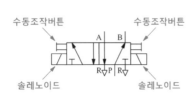

[그림 1.12] 5/2way 양솔밸브 기호

[그림 1.13] 5/2way 양솔밸브

1.3.4 논-리턴 밸브

한쪽 방향으로만 유체의 흐름을 허용하는 밸브를 논-리턴 밸브라고 한다.

1) 체크밸브

체크밸브는 유체가 한쪽 방향으로만 흐를 수 있도록 한 밸브로써 스프링을 내장한 것과 내장하지 않은 것이 있다.

(a) 스프링 내장하지 않음   (b) 스프링 내장

[그림 1.14] 체크밸브 기호

2) 급속배기밸브

급속배기밸브는 공기압 실린더에서 배기되는 공기를 빠르게 배기하여 실린더의 속도를 증가시키고자 할 때 사용된다.

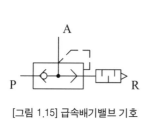

[그림 1.15] 급속배기밸브 기호

[그림 1.16] 급속배기밸브

1.4 공기압 작동기

□ 공기압 복동 실린더

공기압 장치 중에서 최종적인 일을 하는 기기를 공기압 작동기(액추에이터)라고 하며, 공기압 작동기 중에서 회전운동을 하는 것을 공기압 모터, 직선운동을 하는 것을 공기압 실린더라고 한다.

공기압 실린더는 작동 방식에 따라서 한쪽 방향의 운동은 압축공기에 의해 일어나고 반대 방향의 운동은 내장된 스프링이나 외력에 의해 일어나는 단동실린더, 압축공기에 의해 전진 및 후진 운동을 하는 복동실린더로 구분된다.

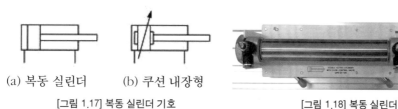

(a) 복동 실린더   (b) 쿠션 내장형

[그림 1.17] 복동 실린더 기호

[그림 1.18] 복동 실린더

2. 유압 장치

2.1 유압 장치의 구성

유압 장치는 작동유의 압력 에너지를 이용하여 기계적인 일을 하는 시스템을 의미한다. 일반적인 유압 장치는 작동유에 압력 에너지를 발생시키는 유압 동력 장치, 작동유의 압력, 방향, 유량을 제어하는 제어밸브, 압력 에너지를 기계적인 일로 변환시키는 액추에이터, 부속기기, 배관으로 구성된다.

[그림 1.19]에 유압 장치의 기본 구성을 나타내었다.

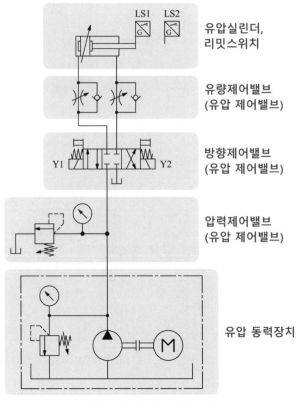

[그림 1.19] 유압 장치의 구성

2.2 유압 동력 장치

[그림 1.20]의 (a)는 유압 동력 장치의 구성을 보여주며, 간략 기호는 (b)와 같다. ①전기모터에 의해 구동되는 ② 유압펌프는 ③ 흡입필터를 통과하여 이물질이 제거된 작동유를 흡입하고 토출한다. 유압회로의 최대 압력은 ④ 릴리프밸브에 의해 제한되고 ⑤ 압력 게이지는 유압회로의 압력을 지시한다. 유압회로에서 사용된 작동유는 ⑥냉각기와 ⑦ 복귀라인필터를 통과하여 ⑧ 기름탱크로 복귀된다. 기름탱크의 유면 변화에 따라서 외부로부터 먼지나 수분이 혼입될 경우가 있으므로 이를 방지하기 위하여 기름탱크에는 ⑨ 통기필터가 설치된다.

[표 1.2]에 유압 동력 장치 구성품의 명칭과 용도를 정리하여 나타내었다.

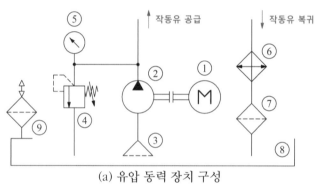

(a) 유압 동력 장치 구성

(b) 간략 기호

[그림 1.20] 유압 동력 장치 구성 및 기호

[그림 1.21] 유압 동력 장치

[표 1.2] 유압 동력 장치 구성품의 명칭과 용도

번호	명칭	용도
1	전기모터	유압펌프를 구동
2	유압펌프	작동유를 흡입하여 토출
3	흡입 필터	작동유 흡입 시 이물질 제거
4	릴리프 밸브	유압회로의 최고 압력 설정
5	압력 게이지	유압회로의 압력을 지시
6	냉각기	작동유 냉각
7	복귀라인 필터	작동유 복귀 시 이물질 제거
8	기름 탱크	작동유 저장
9	통기 필터	기름 탱크로 유입되는 이물질 및 수분 제거

2.3 유압 제어 밸브

2.3.1 압력 제어 밸브

1) 릴리프 밸브

유압펌프에서 토출된 작동유의 흐름이 차단되면 유압회로의 압력은 상승하여 과부하 상태가 된다. 이러한 과부하를 제거하고 유압회로의 최고 압력을 설정 압력 이하로 유지시켜 주는 압력 제어 밸브를 릴리프 밸브라 한다.

[그림 1.22]의 기호에서 입구 측과 출구 측은 차단되어 있다. 입구 측의 압력이 설정 압력까지 상승하면 내부 유로(점선)를 통해 압력이 전달되어 밸브가 열리고, 입구 측의 압유는 기름 탱크로 유출되어 유압회로의 최고 압력이 제한된다.

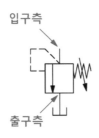

[그림 1.22] 릴리프밸브 기호

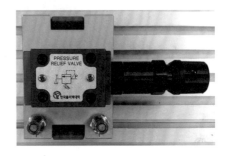

[그림 1.23] 릴리프밸브

2) 감압 밸브

감압밸브는 유압회로 일부분의 압력을 릴리프밸브의 설정 압력 이하로 감압하는 목적으로 사용되는 밸브이다.

[그림 1.24]의 감압밸브 기호에서 입구측과 출구측은 개방되어 있으므로 입구측의 압유는 출구 측의 감압회로로 흐른다. 출구 측의 압력이 감압밸브의 설정 압력까지 높아지면 입구와 출구를 연결하는 유로를 차단하여 압력 상승을 제한한다.

감압밸브는 내부에서 발생하는 드레인을 기름탱크로 배출해야 하므로 기름탱크와 연결되는 외부 드레인 포트를 가지고 있다.

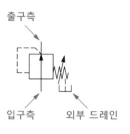

[그림 1.24] 감압밸브 기호

[그림 1.25] 감압밸브

3) 카운터 밸런스 밸브

카운터밸런스밸브는 한쪽 방향의 흐름에 대해서는 설정된 배압(유체가 배출될 때 갖는 압력)을 발생시키고, 다른 방향의 흐름은 무부하로 흐르도록 한 밸브로써 릴리프밸브와 체크밸브를 조합한 형태의 압력제어밸브이다.

예를 들어 수직 방향으로 작동하는 유압실린더의 작동유 배출 측에 카운터밸런스밸브를 설치하면 유압실린더가 자중에 의해 낙하 하는 것을 방지할 수 있다.

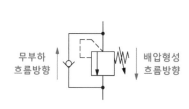

[그림 1.26] 카운터밸런스밸브 기호

[그림 1.27] 카운터밸런스밸브

4) 압력 스위치

압력 스위치는 유압회로의 압력이 설정 압력에 도달하면 접점을 개폐하여 전기회로를 열거나 닫히게 하는 스위치이다.

[그림 1.28] 압력 스위치 기호

[그림 1.29] 압력 스위치

2.3.2 유량 제어 밸브

1) 교축 밸브(양방향 유량 조절 밸브)

교축밸브는 유로의 단면적을 변화시켜 통과 유량을 제어하는 밸브로써 양쪽 흐름 방향의 유량을 조절할 수 있다.

[그림 1.30] 교축밸브 기호

[그림 1.31] 교축밸브

2) 일방향 유량 조절 밸브

유체의 흐름은 양쪽 방향으로 가능하지만 유량의 조절은 한쪽 방향으로만 가능하도록 체크밸브와 교축밸브를 조합하여 구성한 밸브이다.

[그림 1.32] 일방향 유량조절밸브 기호

[그림 1.33] 일방향 유량조절밸브

3) 압력 보상형 유량 조절 밸브

교축밸브는 입구 측과 출구 측 압력차의 변동에 의해 통과 유량이 변한다는 단점이 있다. 따라서 교축부 전후의 압력차를 항상 일정하게 유지하는 압력보상기구를 내장하여 부하의 변동이 있어도 일정한 유량을 얻을 수 있도록 한 것이 압력 보상형 유량조절밸브이다.

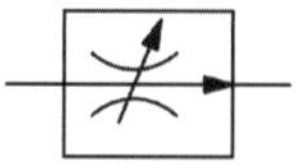

[그림 1.34] 압력 보상형 유량조절밸브 기호

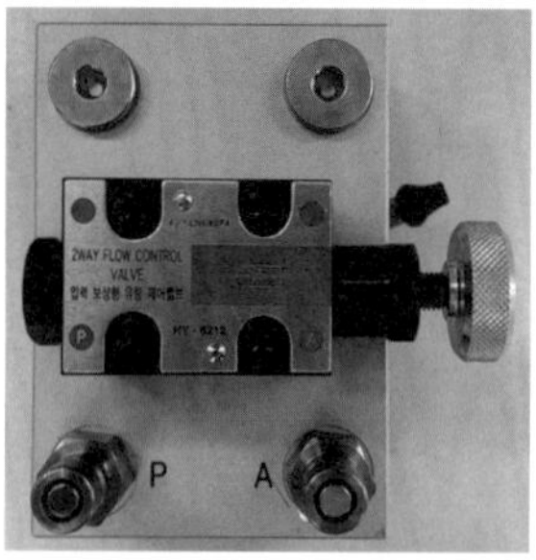

[그림 1.35] 압력 보상형 유량조절밸브

2.3.3 방향 제어 밸브

1) 2포트 2위치 편측 솔레노이드 밸브

2포트 2위치 편측 솔레노이드 밸브는 두 개의 포트와 두 개의 위치를 갖는 밸브로써 솔레노이드에 전원을 공급하여 유로를 접속하거나 차단하는데 사용된다. [그림 1.36]은 초기 상태에서 P포트와 A포트가 접속되어 있는 normal open 밸브의 기호를 나타낸 것이며, [그림 1.38]은 초기 상태에서 P포트와 A포트가 차단되어 있는 normal close 밸브의 기호를 나타낸 것이다.

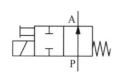

[그림 1.36] 2/2way NO밸브 기호

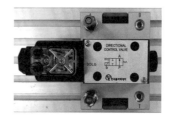

[그림 1.37] 2/2way NO밸브

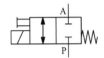

[그림 1.38] 2/2way NC밸브 기호

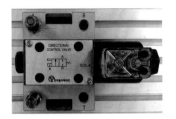

[그림 1.39] 2/2way NC밸브

2) 3포트 2위치 편측 솔레노이드 밸브

[그림 1.40]은 초기 상태에서 P포트는 차단되어 있고 A포트로 유입되는 작동유는 T포트로 전달된다. 솔레노이드에 전원이 인가되면 작동유는 P포트에서 A포트로 전달되고 T포트는 차단된다. 솔레노이드에 전원이 차단되면 밸브는 스프링에 의해 초기 상태로 복귀한다.

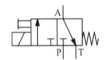

[그림 1.40] 3/2way 편솔밸브 기호

[그림 1.41] 3/2way 편솔밸브

3) 4포트 2위치 편측 솔레노이드 밸브

[그림 1.42]에서 초기 상태는 P포트는 B포트와 접속되고, A포트는 T포트와 접속된다. 솔레노이드에 전원이 인가되면 P포트는 A포트와 접속되고, B포트는 T포트와 접속된다. 전원이 차단되면 밸브는 초기 상태로 복귀한다.

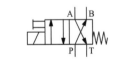

[그림 1.42] 4/2way 편솔밸브 기호

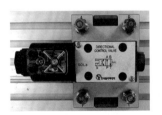

[그림 1.43] 4/2way 편솔밸브

4) 4포트 2위치 양측 솔레노이드 밸브

두 개의 솔레노이드 동작에 의해서 P-B, A-T 접속과 P-A, B-T 접속 상태가 변화한다. 밸브를 초기 상태로 복귀시키는 스프링이 내장되지 않으므로 솔레노이드에 전원이 차단되어도 밸브는 마지막 동작 상태를 유지하게 된다.

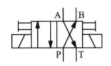

[그림 1.44] 4/2way 양솔밸브 기호

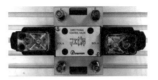

[그림 1.45] 4/2way 양솔밸브

5) 4포트 3위치 양측 솔레노이드 밸브

4포트 3위치 밸브는 두 개의 솔레노이드 동작에 의해서 P, T, A, B 포트의 접속 상태가 변화한다. 양측 솔레노이드에 전원이 인가되지 않으면 양쪽의 스프링에 의해서 밸브는 중립 위치 상태를 유지하게 된다. 4포트 3위치 밸브는 중립 위치에서 포트와 유로의 접속 관계에 따라 여러 종류가 있다.

① 클로즈드 센터형

[그림 1.46]과 같이 중립 위치에서 모든 포트가 차단되어 있다.

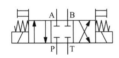

[그림 1.46] 4/3way 양솔밸브 기호(closed center)

[그림 1.47] 4/3way 양솔밸브(closed center)

② PT 접속형

[그림 1.48]과 같이 중립 위치에서 P포트와 T포트가 접속되고 A, B포트는 차단된다. 이 형식을 텐덤 센터형 또는 센터 바이패스형이라고도 한다.

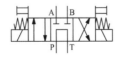

[그림 1.48] 4/3way 양솔밸브 기호(tandem center)

[그림 1.49] 4/3way 양솔밸브(tandem center)

③ ABT 접속형

[그림 1.50]과 같이 P포트만 차단되고 A, B포트는 모두 T포트에 접속된다. 이 형식을 펌프 클로즈드 센터형 또는 프레서 포트 블록형이라고도 한다.

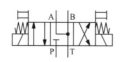

[그림 1.50] 4/3way 양솔밸브 기호(pump closed center)   [그림 1.51] 4/3way 양솔밸브(pump closed center)

2.3.4 논-리턴 밸브

1) 체크 밸브

체크 밸브는 유체가 한쪽 방향으로만 흐를 수 있도록 한 밸브이다.

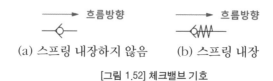

(a) 스프링 내장하지 않음   (b) 스프링 내장

[그림 1.52] 체크밸브 기호

[그림 1.53] 유압 체크밸브

2) 파일럿 조작 체크 밸브

파일럿 조작 체크 밸브는 체크 밸브로 사용되지만 필요에 따라서 파일럿 포트에 압력을 가하면 역방향의 유체 흐름도 가능한 밸브이다.

파일럿 포트

[그림 1.54] 파일럿 조작 체크밸브 기호

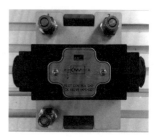

[그림 1.55] 파일럿 조작 체크밸브

2.4 유압 실린더

1) 유압 복동 실린더

유압 실린더는 유체 에너지를 직선 왕복운동으로 변환하여 기계적인 일을 하는 작동기이다. 유압 복동 실린더는 피스톤 양쪽에 교대로 공급되는 작동유에 의해서 전진 및 후진운동을 한다.

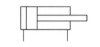

[그림 1.56] 복동실린더 기호

[그림 1.57] 유압 복동실린더

2) 유압모터

유압모터는 유체 에너지를 연속 회전 운동을 하는 기계적인 에너지로 변환시켜주는 작동기이다. 유압모터는 무단으로 회전속도를 조정할 수 있으며, 모터의 입출력 포트에 작동유를 교대로 공급하여 정·역회전의 운전이 가능하다.

[그림 1.58] 유압모터 기호

[그림 1.59] 유압모터

2.5 유압 부속 기기

2.5.1 기름 탱크

기름 탱크는 작동유를 저장하고, 기름 속에 혼입된 불순물이나 기포의 제거, 운전 중에 발생하는 열을 발산하는 등의 기능을 가진다.

[그림 1.60] 기름탱크 기호

2.5.2 압력 게이지

압력 게이지는 유압회로의 압력을 나타내는 게이지로써 MPa, bar, kgf/cm² 등의 단위로 압력을 표시한다.

[그림 1.61] 압력 게이지 기호

[그림 1.62] 압력 게이지

2.5.3 기타 부속 기기

1) 분배기, T커넥터

압유를 분배하는 경우에 사용된다.

[그림 1.63] 분배기

[그림 1.64] T커넥터

2) 압력 제거기

퀵 커플링 배관을 적용하는 경우에 밸브 내부에 압력이 형성되면 배관 작업이 어려우므로 압력 제거기를 이용하여 밸브 내부의 압유를 제거해야 한다.

[그림 1.65] 압력 제거기

공유압 회로

1. 공기압 제어 회로

1.1 속도 제어 회로

1.1.1 미터인(meter in) 방식

일방향 유량조절밸브에 의해 액추에이터로 유입되는 유량을 조절하여 액추에이터의 속도를 제어하는 방식이다.

실린더의 전진 속도를 미터인 방식으로 제어하기 위해서는 일방향 유량조절밸브를 [그림 2.1]의 (a)와 같이 실린더 전진 시 압축공기가 실린더로 유입되는 관로에 설치한다. 체크밸브의 방향은 체크밸브가 압축공기를 차단하여 교축밸브에 의해서만 조절된 유량이 실린더로 유입되도록 설치한다.

미터인 방식으로 실린더의 후진 속도를 제어하기 위해서는 일방향 유량조절밸브를 [그림 2.1]의 (b)와 같이 실린더 후진 시 압축공기가 실린더로 유입되는 관로에 설치하고, 실린더의 전후진 속도를 모두 제어하기 위해서는 (c)와 같이 설치한다.

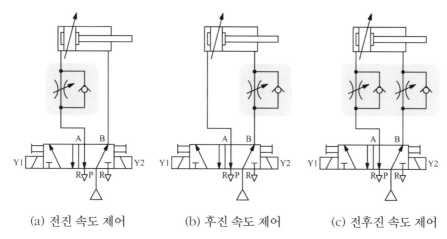

(a) 전진 속도 제어   (b) 후진 속도 제어   (c) 전후진 속도 제어

[그림 2.1] 미터인 방식 실린더 속도 제어

1.1.2 미터아웃(meter out) 방식

일방향 유량조절밸브에 의해 액추에이터로부터 유출되는 유량을 조절하여 액추에이터의 속도를 제어하는 방식이다.

실린더의 전진 속도를 미터아웃 방식으로 제어하기 위해서는 일방향 유량조절밸브를 [그림 2.2]의 (a)와 같이 실린더 후진 시 압축공기가 실린더로부터 유출되는 관로에 설치한다. 체크밸브의 방향은 체크밸브가 압축공기를 차단하여 교축밸브에 의해서만 조절된 유량이 실린더로부터 유출되도록 설치한다.

미터아웃 방식으로 실린더의 후진 속도를 제어하기 위해서는 일방향 유량조절밸브를 [그림 2.2]의 (b)와 같이 실린더 후진 시 압축공기가 실린더로부터 유출되는 관로에 설치하고, 실린더의 전·후진 속도를 모두 제어하기 위해서는 (c)와 같이 설치한다.

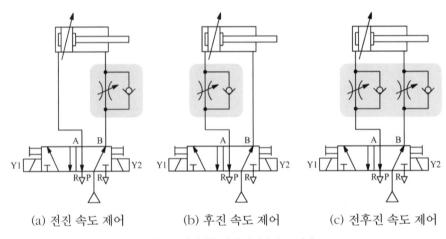

(a) 전진 속도 제어   (b) 후진 속도 제어   (c) 전후진 속도 제어

[그림 2.2] 미터아웃 방식 실린더 속도 제어

1.1.3 급속 배기 밸브에 의한 실린더 속도 증가

방향 제어 밸브와 실린더 사이의 배관 길이가 길거나 배관 내경이 작으면 배기 저항이 커지므로 적절한 실린더 속도를 얻을 수 없다. 이 경우에 실린더와 가깝게 급속 배기 밸브를 설치하면 실린더의 속도를 증가시킬 수 있다.

[그림 2.3]은 급속 배기 밸브를 설치하여 실린더의 후진 속도를 증가시킨 회로를 보여 준다. 실린더 전진 시에 공급되는 압축 공기는 급속 배기 밸브의 P포트에서 A 포트로 전달되고, 실린더 후진 시에 유출되는 압축 공기는 급속 배기 밸브의 A포트

에서 R포트로 급속 배기되어 실린더의 후진 속도가 증가하게 된다.

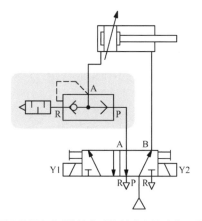

[그림 2.3] 급속배기밸브에 의한 실린더 후진 속도 증가

1.2 압력 제어 회로

□ 감압 밸브를 이용한 감압 회로

[그림 2.4]는 방향제어밸브와 실린더 사이에 감압밸브를 설치하여 실린더 전진 시의 최대 압력을 방향제어밸브로 공급되는 압력보다 낮은 압력으로 제한하는 회로를 나타낸 것이다.

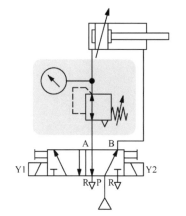

[그림 2.4] 실린더 전진 시의 최대 압력 감압회로

2. 유압 제어 회로

2.1 속도 제어 회로

2.1.1 미터인(meter in), 미터아웃(meter out) 방식

유압회로의 미터인, 미터아웃 속도 제어 방법은 공기압 회로와 같으며 [그림 2.5]
와 [그림 2.6]에 미터인, 미터아웃 방식의 속도 제어 회로를 나타내었다.

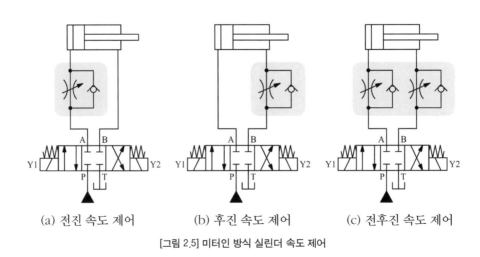

(a) 전진 속도 제어   (b) 후진 속도 제어   (c) 전후진 속도 제어

[그림 2.5] 미터인 방식 실린더 속도 제어

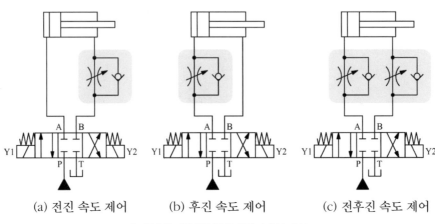

(a) 전진 속도 제어   (b) 후진 속도 제어   (c) 전후진 속도 제어

[그림 2.6] 미터아웃 방식 실린더 속도 제어

2.1.2 블리드오프(bleed off) 방식

블리드오프 방식은 [그림 2.7]과 같이 유량의 일부를 탱크로 유출하고 나머지 유량으로 액추에이터의 속도를 제어하는 방식으로써 액추에이터에 작용하는 부하의 변동이 심한 경우에 속도 변화도 심해진다는 단점이 있다.

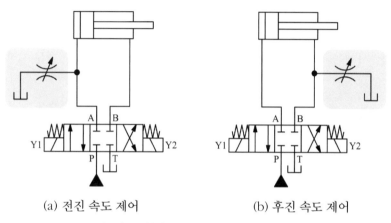

(a) 전진 속도 제어   (b) 후진 속도 제어

[그림 2.7] 블리드오프 방식 실린더 속도 제어

2.1.3 압력 보상형 유량 조절 밸브를 이용한 속도 제어 회로

액추에이터의 부하 변동에 관계없이 일정한 속도를 얻고자 하는 경우에는 압력보 상형 유량조절밸브를 이용한다. [그림 2.8]은 실린더의 전진 속도가 일정하도록 압력보상형 유량조절밸브를 미터인 방식으로 설치한 회로이다.

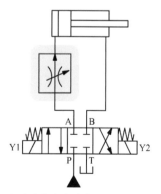

[그림 2.8] 미터인 방식 압력 보상 실린더 속도 제어

2.1.4 차동회로

편로드형 실린더가 전진 시에 실린더로부터 유출되는 작동유를 탱크로 복귀시키지 않고, 유압펌프에서 공급되는 작동유와 합류시켜 속도를 증가시키고자 하는 회로를 차동회로라고 한다.

차동회로에서 실린더의 속도는 피스톤 헤드 측과 로드 측의 수압면적비에 의해서 결정되며, 차동 운전 중에 헤드 측과 로드 측의 압력은 거의 같아진다. 따라서 실린더 전진 시에는 피스톤 로드의 단면적에만 압력이 작용하기 때문에 추력은 약하게 된다.

[그림 2.9]의 (a)에서 Y1을 on 하면 P-A 포트가 접속되어 실린더는 전진하고, 실린더에서 유출되는 작동유는 방향제어밸브의 공급 측으로 합류한다. Y2를 on 하면 실린더는 후진하고 실린더에서 유출되는 작동유는 A-T 포트가 접속되어 있으므로 탱크로 복귀한다.

[그림 2.9]의 (b)에서 Y1을 on 하면 실린더는 전진하며, 실린더에서 유출되는 작동유는 공급 측과 합류하여 실린더 속도가 증가한다. 실린더의 후진은 Y2와 Y3을 on 하여 후진시킨다.

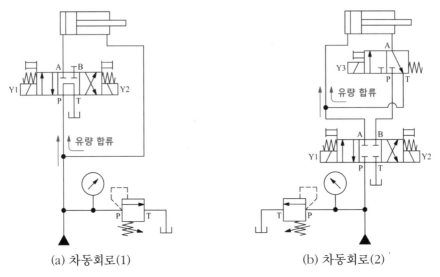

(a) 차동회로(1)　　　　　　(b) 차동회로(2)

[그림 2.9] 차동회로

2.2 압력 제어 회로

2.2.1 릴리프 밸브에 의한 최고 압력 설정

유압회로의 최고 압력은 릴리프밸브에 의해 설정된다. [그림 2.10]은 유압회로의 압력이 릴리프밸브의 설정 압력에 도달하면 릴리프밸브가 열리면서 작동유를 기름 탱크로 복귀시켜 압력 상승을 제한하는 회로를 나타낸 것이다.

릴리프밸브에 작용하는 압력을 확인하기 위해서는 압력 게이지를 릴리프밸브의 입구측에 설치해야 한다.

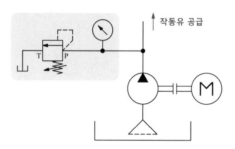

[그림 2.10] 릴리프밸브에 의한 최고압력 설정

2.2.2 감압 밸브를 이용한 감압 회로

감압밸브는 유압회로 일부분의 압력을 릴리프밸브의 설정 압력 이하로 낮추고자 할 때 사용된다. [그림 2.11]에서 실린더 A에 작용하는 최대 압력은 릴리프밸브의 설정 압력인 4MPa가 된다. 하지만 실린더 B를 제어하는 방향제어밸브의 P포트는 감압밸브의 출력 측과 연결되어 있으므로, 실린더 B에 작용하는 최대 압력은 감압 밸브의 설정압력인 2MPa가 된다.

감압밸브에 의해 감압된 압력을 확인하기 위해서는 압력 게이지를 감압밸브의 출구 측에 설치해야 한다.

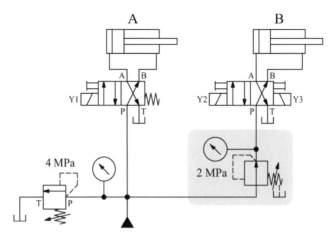

[그림 2.11] 감압밸브에 의한 실린더 B측 공급 압력 감압

2.2.3 카운터 밸런스 밸브를 이용한 배압 회로

자중부하가 있는 실린더를 하강시키는 경우에 펌프 공급 측의 압력은 부(-)가 되면서 실린더 피스톤은 자중에 의해서 낙하한다. [그림 2.12]와 같이 카운터밸런스밸브를 설치하여 배압을 발생시키면 피스톤의 낙하를 방지할 수 있다. 피스톤 하강 시에는 배압에 의해 낙하를 방지하고, 상승 시에는 작동유가 체크밸브를 통과하므로 배압이 형성되지 않는다.

카운터밸런스밸브의 설정 압력을 확인하기 위해서는 압력 게이지를 액추에이터와 카운터밸런스밸브 사이에 설치해야 한다. 배압은 실린더가 하강하는 중에 압력 게이지를 확인하며 설정한다.

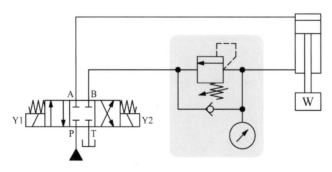

[그림 2.12] 카운터밸런스밸브를 이용한 배압회로

2.2.4 최대 압력 제한회로

고압용과 저압용의 릴리프밸브 두 개를 사용하여 실린더 전진과 후진 동작의 최대압력을 다르게 설정하는 회로이다. [그림 2.13]에서 실린더 후진 시의 최대 압력은 4MPa이며, 전진 시의 최대 압력은 실린더와 방향제어밸브 사이에 분기된 릴리프밸브의 설정 압력 3MPa이 된다.

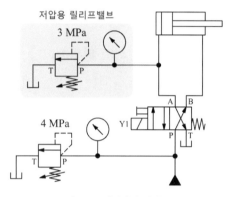

[그림 2.13] 최대압력 제한회로

2.2.5 압력 스위치를 이용한 회로

[그림 2.14]는 실린더 전진 측 공급 관로에 압력 스위치와 압력 게이지를 설치한 회로를 보여준다. 실린더 전진 측 공급 압력이 압력 스위치의 설정 압력에 도달하면 접점이 개폐되므로, 이를 전기회로에 이용할 수 있다.

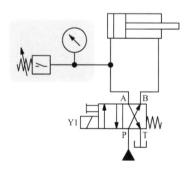

[그림 2.14] 압력 스위치를 이용한 회로

2.2.6 무부하회로

유압 시스템에서 작동기가 일을 하고 있지 않을 때, 유압펌프의 토출유량은 고압으로 릴리프밸브를 통해 탱크로 복귀되면서 유온이 상승하고 동력 손실이 발생한다. 이 때문에 유압펌프의 토출유량을 저압으로 기름탱크에 복귀시키는 회로를 무부하회로라고 한다.

1) 텐덤센터형 밸브에 의한 무부하회로

[그림 2.15]의 (a)와 같이 4포트 3위치 텐덤센터형 밸브를 이용하면 밸브가 중립위치에 있을 때, 유압펌프에서 토출되는 유량은 저압으로 T포트를 통해서 탱크로 복귀하게 된다. 이 회로는 가장 간단한 방법의 무부하회로로 사용된다.

2) 2포트 2위치 밸브에 의한 무부하회로

[그림 2.15]의 (b)와 같이 유압펌프의 토출라인에 2포트 2위치 밸브를 설치하여 무부하회로를 구성하면, 솔레노이드 Y3이 on 되는 경우에만 주회로에 압력을 공급할 수 있다.

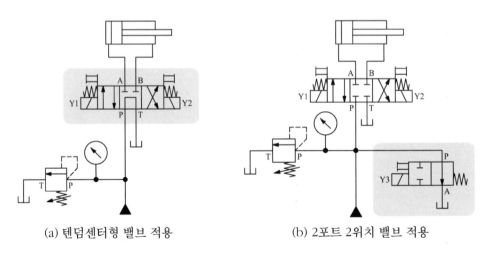

(a) 텐덤센터형 밸브 적용   (b) 2포트 2위치 밸브 적용

[그림 2.15] 무부하회로

2.3 기타 응용 회로

2.3.1 유압유의 역류 방지

작동유가 펌프로 역류하는 것을 방지하기 위해서는 [그림 2.16]과 같이 펌프의 토출구에 체크 밸브를 설치한다.

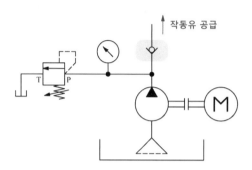

[그림 2.16] 펌프 측으로 유압유 역류 방지

2.3.2 로킹(locking)회로

로킹회로는 실린더를 임의의 위치 또는 전진 및 후진의 끝에 고정시키는 회로로써, [그림 2.17]은 4포트 3위치 텐덤센터형 솔레노이드 밸브를 사용한 로킹회로를 나타낸 것이다. 실린더 운전 중에 방향제어밸브를 중립 위치로 변환하면 A, B 포트가 차단되므로 실린더는 임의의 위치에 로크되고, 펌프는 무부하 운전을 한다. 그러나 이 회로는 방향제어밸브의 스풀 구조로 인해서 내부 누설이 발생하므로 부하가 작용하는 경우에 실린더는 서서히 이동한다.

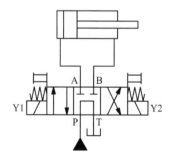

[그림 2.17] 텐덤센터형 밸브를 이용한 로킹회로

[그림 2.18]은 실린더와 방향제어밸브 사이에 파일럿 조작 체크밸브를 설치한 로킹회로를 나타낸 것이다. 이 방법은 큰 부하에 대해서도 실린더를 확실히 정지시킬 수 있다.

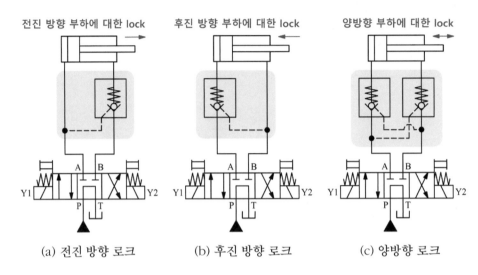

(a) 전진 방향 로크   (b) 후진 방향 로크   (c) 양방향 로크

[그림 2.18] 파일럿 조작 체크밸브를 이용한 로킹회로

CHAPTER 03

전기회로 기초

1. 전기제어 기초 용어

1) 개로(open, off)

전기회로의 일부를 스위치, 릴레이 등으로 여는 것

2) 폐로(close, on)

전기회로의 일부를 스위치, 릴레이 등으로 닫는 것

3) 동작(actuation)

어떤 원인을 주어서 소정의 작용을 하는 것

4) 복귀(reseting)

동작 이전의 상태로 되돌리는 것

5) 여자(magnetization)

계전기, 솔레노이드 등의 코일에 전류를 인가하여 자력을 갖게 하는 것

6) 소자(demagnetization)

계전기, 솔레노이드 등의 코일에 전류를 차단하여 자력을 잃게 하는 것

7) 기동(starting)

기기 또는 장치가 정지 상태에서 운전 상태로 되도록 하는 것

8) 운전(running)

기기 또는 장치가 동작 중인 상태

9) 정지(stopping)

기기 또는 장치를 운전 상태에서 정지 상태로 하는 것1.2 공기압 발생 장치

2. 전기 기기

2.1 접점(contact)

접점이란 전기 스위치, 계전기 등의 전기 기기에서 전기회로를 닫거나(on) 여는(off) 동작을 하는 기계적 접촉 부분이다. 접점은 기능에 따라서 a접점, b접점, c접점으로 구분된다.

2.1.1 a접점

a접점(arbeit contact)은 외력이 가해지지 않는 상태에서는 열려 있고 외력이 가해지면 닫히는 접점이며, 메이크 접점(make contact) 또는 NO(normal open) 접점이라고도 한다.

2.1.2 b접점

b접점(break contact)은 외력이 가해지지 않는 상태에서는 닫혀 있고 외력이 가해지면 열리는 접점이며, NC(normal closed) 접점이라고도 한다.

2.1.3 c접점

c접점(change over contact)은 a접점과 b접점의 기능을 포함하는 접점이며, 트랜스퍼 접점(transfer contact)이라고도 한다.

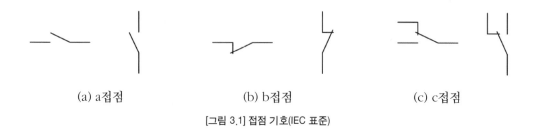

(a) a접점   (b) b접점   (c) c접점

[그림 3.1] 접점 기호(IEC 표준)

2.2 스위치(switch)

2.2.1 누름 버튼 스위치(push button switch)

누름버튼 스위치는 버튼을 누르면 접점이 개폐하는 스위치로써, 기능에 따라서 복귀형 스위치와 유지형 스위치로 구분된다.

1) 복귀형 스위치

복귀형 누름버튼 스위치는 버튼을 누르는 조작력을 제거하면 접점이 스프링 힘에 의하여 초기 상태로 복귀하는 스위치이다.

2) 유지형 스위치

유지형 누름버튼 스위치는 조작력을 제거하여도 접점 상태를 유지하고 반대 조작이 가해지면 초기 상태로 복귀한다. 유지형 스위치는 누름버튼 방식의 스위치 외에도 셀렉터(selector) 스위치, 텀블러(tumbler) 스위치, 토글(toggle) 스위치, 키(key) 스위치, 비상(emergency) 스위치 등이 있다.

3) 비상 스위치

비상 스위치는 비상 시에 회로를 긴급히 차단하는 목적으로 사용되는 적색의 돌출 버튼을 가진 유지형 스위치이다. 회로를 차단 시에는 눌러서 유지시키고 복귀 시에는 우측으로 돌려서 복귀시킨다.

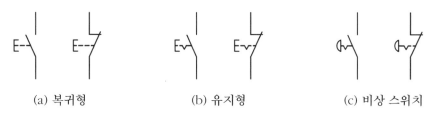

(a) 복귀형   (b) 유지형   (c) 비상 스위치

[그림 3.2] 누름버튼 스위치 기호(IEC 표준)

(a) 복귀형, 유지형 스위치   (b) 비상 스위치

[그림 3.3] 누름버튼 스위치[1]

2.2.2 검출용 스위치

검출용 스위치는 제어 대상의 상태나 변화를 검출하기 위한 목적으로 사용되며, 물체의 위치나 액체의 높이, 압력, 빛, 온도, 전압, 자계 등을 검출하여 전기적 신호로 변환하는 역할을 한다. 검출 방식에 따라서 접촉식과 비접촉식 스위치로 구분된다.

1) 마이크로 스위치, 리밋 스위치

기계적 동작에 의해서 스위치의 접촉자가 움직여 접점이 개폐되는 스위치이며, 기계나 실린더 등의 위치를 검출하는 목적으로 사용된다.

마이크로 스위치는 비교적 소형으로 내부에 스냅 액션 기구와 접점을 내장한 것이다. 리밋 스위치는 내부에 마이크로 스위치를 내장하고 밀봉되어 내구성이 요구되는 장소나 외력으로부터 기계적 보호가 필요한 곳에 사용된다.

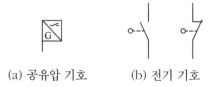

(a) 공유압 기호   (b) 전기 기호

[그림 3.4] 리밋 스위치 기호   [그림 3.5] 마이크로 스위치[2]

---

1 ㈜한국자동제어(www.kacon.co.kr)
2 ㈜한영넉스(www.hanyoungnux.co.kr)

2) 압력 스위치

압력 스위치는 공유압회로의 압력이 압력 스위치의 설정 압력에 도달하면 접점을 개폐하는 스위치이다. 압력 스위치는 히스테리시스라고 하는 on 되는 압력과 off 되는 압력의 차이가 크기 때문에 설정 압력은 압력 스위치의 사용 목적에 따라서 압력의 상승 또는 하강 시에 동작하도록 설정해야 한다.

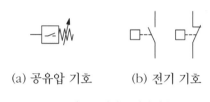

(a) 공유압 기호   (b) 전기 기호

[그림 3.6] 압력 스위치 기호

3) 근접 스위치

근접 스위치는 검출 대상 물체가 검출면에 근접했을 때 전기회로를 개폐하는 목적으로 사용되는 비접촉식 스위치이다. 검출 방식에 따라서 자기형, 유도형(고주파 발진형), 정전 용량형 근접 스위치로 분류된다.

유도형 근접 스위치는 검출단에서 고주파를 발진하고 검출 물체가 접근하면 검출 코일의 인덕턴스 변화를 이용한 것으로 금속의 검출에 이용된다.

정전 용량형 근접 스위치는 검출 물체가 접근하면 대지와 스위치 간의 정전 용량이 변화하는 원리를 이용한 것으로 금속뿐만 아니라 플라스틱, 유리, 목재와 같은 절연물과 액체의 검출도 가능하다.

(a) 유도형 근접 스위치   (b) 정전 용량형 근접 스위치

[그림 3.7] 근접 스위치[3]

---

3 ㈜오토닉스(www.autonics.com)

직류 전원을 사용하는 유도형 및 정전 용량형 근접 스위치는 출력 형식에 따라서 양(+) 전원을 출력하는 PNP 스위치와 음(-) 전원을 출력하는 NPN 스위치가 있다. [그림 3.8]은 3선식 PNP 타입 유도형, 용량형 근접 스위치의 기호와 배선 방법을 나타낸 것이다. 그림에서 유도형, 용량형 근접 스위치의 배선 방법은 동일한 것을 알 수 있다.

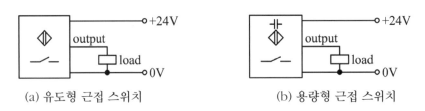

(a) 유도형 근접 스위치   (b) 용량형 근접 스위치

[그림 3.8] 3선식 PNP 타입 근접 스위치 배선

2.3 전자 계전기(릴레이, relay)

전자 계전기(릴레이)는 접점을 개폐하는 스위치의 조작을 전자석의 힘으로 하는 기기이다. 코일에 전원이 공급되어 코일이 여자되면 전자석에 의해 가동철편이 b접점에서 a접점으로 접촉하고, 코일이 소자되면 가동철편은 복귀 스프링에 의해 원래 상태로 복귀한다. 이와 같은 동작으로 접점을 개폐하여 회로를 제어하게 되는데, 일반적으로 1개의 코일에 의하여 여러 개의 접점이 동시에 개폐되는 구조로 이루어져 있다.

코일에 전원을 인가한 후 a접점이 닫힐 때까지의 시간을 동작시간이라고 하며, 코일에 전원을 차단한 후 b접점이 닫힐 때까지의 시간을 복귀시간이라고 한다. 일반적인 릴레이의 동작시간과 복귀시간은 약 20msec 정도이다.

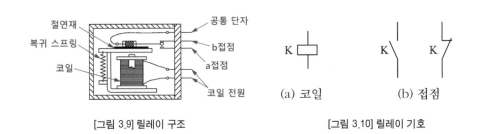

[그림 3.9] 릴레이 구조   [그림 3.10] 릴레이 기호

2.4 타이머(timer)

코일에 전원을 공급하면 일정 시간이 지난 후에 접점이 개폐되는 릴레이를 한시 계전기 또는 타이머라고 한다.

2.4.1 여자 지연 타이머(on delay timer)

여자 지연 타이머는 코일에 전원이 인가되면 설정시간 후에 접점이 개폐되고 전원이 차단되면 즉시 복귀하는 한시동작 순시복귀 타이머이다. [그림 3.11]에 기호를, [그림 3.12]에 동작의 타임차트를 나타내었다.

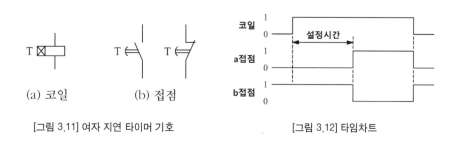

[그림 3.11] 여자 지연 타이머 기호	[그림 3.12] 타임차트

2.4.2 소자 지연 타이머(off delay timer)

소자 지연 타이머는 코일에 전원이 인가되면 즉시 접점이 개폐되고 전원이 차단되면 설정시간 후에 복귀하는 순시동작 한시복귀 타이머이다. [그림 3.13]에 기호를, [그림 3.14]에 동작의 타임차트를 나타내었다.

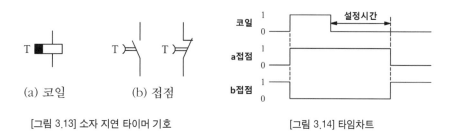

[그림 3.13] 소자 지연 타이머 기호	[그림 3.14] 타임차트

2.5 카운터(counter)

카운터는 신호가 입력되면 그 수를 계수하는 것으로써 입력 신호를 적산하여 계수하는 적산 카운터, 설정한 값과 입력 신호의 수가 같을 때 접점을 개폐하는 프리셋 카운터가 있다. 카운터에 신호를 입력하는 것을 셋(set), 현재값을 초기화하는 것을 리셋(reset)이라고 한다.

프리셋 카운터는 설정값과 입력된 신호의 수가 같아지면 출력이 on 되며, 카운터를 리셋하기 전까지 on 상태를 유지하게 된다.

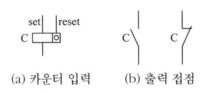

(a) 카운터 입력   (b) 출력 접점

[그림 3.15] 카운터 기호

2.6 솔레노이드 밸브(solenoid valve)

솔레노이드 밸브는 전자석에 의해 구동되는 밸브로써 주로 방향제어밸브에 적용된다. 솔레노이드부와 밸브부의 두 부분으로 이루어져 있으며, 전자석의 힘으로 밸브를 직접 구동하는 직동식과 전자석으로 파일럿 밸브를 구동하여 그 출력으로 메인밸브를 구동하는 파일럿 작동식이 있다.

[그림 3.16]에 솔레노이드 밸브의 전기 기호를 나타내었다.

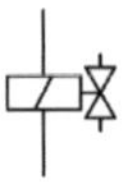

[그림 3.16] 솔레노이드 밸브 전기 기호

2.7 램프(lamp), 부저(buzzer)

시스템의 운전 상태를 시각적으로 표현하기 위해서 램프를 사용하고, 소리로 나타내기 위해서는 부저를 사용한다. [그림 3.17]에 램프와 부저의 기호를 나타내었다.

(a) 램프   (b) 부저

[그림 3.17] 램프, 부저 기호

3. 전기 실습 장치

1) 전원 공급기

DC24V 전원 공급기는 전원을 AC220V에서 DC24V로 변환하여 공급한다.

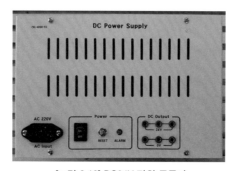

[그림 3.18] DC24V 전원 공급기

2) 비상 스위치 유닛

[그림 3.19]의 비상 스위치 유닛은 a접점과 b접점 한 개씩 구성되어 있다.

3) 누름버튼 스위치 유닛

[그림 3.20]의 누름버튼 스위치 유닛은 두 개의 복귀형 스위치와 한 개의 유지형 스위치로 구성되어 있다. 각 스위치는 두 개의 c접점을 사용할 수 있으며, 램프가 내장되어 있으므로 전원을 공급하여 램프를 제어할 수 있다.

[그림 3.19] 비상 스위치 유닛

[그림 3.20] 누름버튼 스위치 유닛

4) 릴레이 유닛

[그림 3.21]의 릴레이 유닛은 세 개의 릴레이가 내장되어 있으며, 각각의 릴레이는 코일과 접점으로 구성되어 있다. 한 개의 릴레이는 네 개의 c접점을 사용할수 있다. 릴레이 접점이 네 개 이상 필요한 경우에는 해당 릴레이의 코일 전원을여분의 릴레이 코일 전원과 연결하여 사용한다.

5) 타이머 유닛

[그림 3.22]의 타이머 유닛은 여자 지연 타이머와 소자 지연 타이머가 한 개씩내장되어 있고 각각 두 개씩의 a접점과 b접점을 사용할 수 있다. 타이머에는 시간을 설정할 수 있는 버튼이 있으며 설정시간과 경과시간을 디스플레이 창을 통해서 확인할 수 있다. 타이머 유닛에는 타이머 구동을 위한 전원을 공급해야 하므로 유닛의 상하에 있는 전원 단자에 전원을 연결한다.

[그림 3.21] 릴레이 유닛

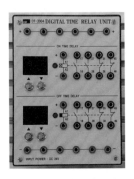

[그림 3.22] 타이머 유닛

6) 카운터 유닛

[그림 3.23]의 카운터 유닛은 계수하는 신호, 리셋을 위한 신호를 입력하는 입력부와 현재값이 설정값과 같아지면 접점이 개폐하는 출력부로 구성되어 있다. 버튼으로 값을 설정할 수 있으며, 현재값과 설정값은 디스플레이 창을 통해서 확인할 수 있다. 카운터 유닛의 상하에 있는 전원 단자에 전원을 연결하여 카운터 구동을 위한 전원을 공급해야 한다.

7) 부저, 램프 유닛

[그림 3.24]의 부저, 램프 유닛은 한 개의 부저와 네 개의 램프로 구성되어 있다.

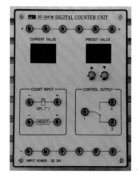

[그림 3.23] 카운터 유닛

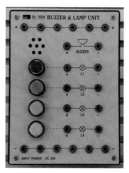

[그림 3.24] 램프, 부저 유닛

8) 리밋 스위치, 근접 스위치

[그림 3.25]의 리밋 스위치는 한 개의 c접점을 사용하도록 구성되어 있다.

[그림 3.26]은 출력이 +24V인 3선식 PNP 타입의 유도형 근접 스위치를, [그림 3.27]은 출력이 0V인 3선식 NPN 타입의 용량형 근접 스위치를 보여준다. NPN 타입의 근접 스위치는 이 책의 전기회로에는 직접 적용하기 어려우며, 별도의 릴레이를 구동하여 릴레이의 접점을 이용해야 한다. 따라서 이 책의 실습을 위해서는 PNP 타입의 근접 스위치를 사용하는 것을 추천한다.

[그림 3.25] 리밋 스위치

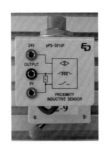
[그림 3.26] 유도형 근접 스위치

[그림 3.27] 용량형 근접 스위치

4. 전선 색상의 구분

전기 배선 시에는 전선의 색상을 구분하여 배선해야 한다. 직류 전원을 사용하는 경우에 일반적으로 +는 적색, -는 청색 또는 흑색을 사용한다.

전선의 색상을 구분하는 방법은 [그림 3.28]과 같이 전원을 공급받아 동작하는 릴레이 코일, 타이머 코일, 카운터, 솔레노이드, 램프, 부저 등의 요소를 기준으로 0V 전원에 연결되는 전선은 청색 또는 흑색을 사용하고, 그 외의 전선은 모두 적색을 사용한다.

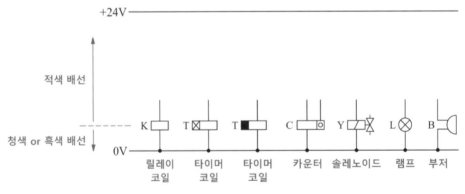
[그림 3.28] 전선 색상의 구분

5. 전기공유압 기본 회로

공기압회로와 유압회로의 전기회로는 동일하게 적용되므로, 본 절에서는 공기압회로를 구성하여 전기공유압 기본 회로에 대해서 설명한다.

5.1 a접점, b접점, c접점에 의한 실린더 제어

[그림 3.29]의 (a)와 같이 5포트 2위치 편솔레노이드 밸브와 복동실린더를 이용하여 공기압회로를 구성한다. 누름버튼 스위치의 a접점, b접점, c접점에 의해 실린더 전후진을 제어하는 전기회로를 각각 구성하고 동작을 확인한다.

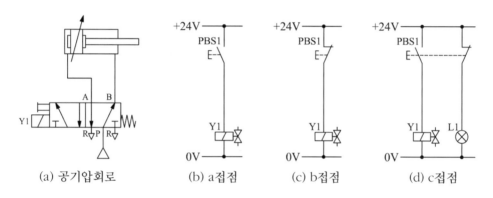

(a) 공기압회로   (b) a접점   (c) b접점   (d) c접점

[그림 3.29] a접점, b접점, c접점에 의한 복동실린더 제어

1) a접점

[그림 3.29]의 (b)에서 PBS1을 누르면 열려 있던 접점이 닫히면서 솔레노이드 Y1이 여자되고 실린더는 전진한다. PBS1을 off 하면 Y1은 소자되어 스프링에 의해 초기 상태로 복귀하고 실린더는 후진한다.

2) b접점

[그림 3.29]의 (c)에서 PBS1의 접점이 닫혀 있으므로 전원을 인가하면 Y1이 여자되고 실린더는 전진하게 된다. PBS1을 누르면 접점이 열리면서 실린더는 후진하고, PBS1을 off 하면 Y1은 다시 여자되어 실린더는 전진한다.

3) c접점

[그림 3.29]의 (d)에서 전원을 인가하면 PBS1의 b접점에 의해 램프가 점등된

다. PBS1을 누르면 접점이 전환되어 a접점으로 연결된 실린더는 전진하고, 램프는 소등된다. PBS1을 off 하면 실린더와 램프는 초기 상태로 복귀한다.

5.2 논리회로

[그림 3.30]의 (a)와 같이 5포트 2위치 편솔레노이드 밸브와 복동실린더를 이용하여 공기압회로를 구성한다. 두 개의 누름버튼 스위치와 릴레이를 이용하여 전기 논리회로를 구성하고 실린더의 동작을 확인한다.

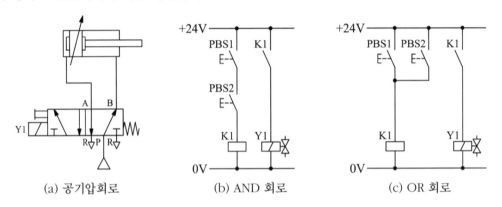

(a) 공기압회로   (b) AND 회로   (c) OR 회로

[그림 3.30] 논리회로에 의한 복동실린더 제어

1) AND(직렬) 회로

AND 회로는 여러 개의 입력이 직렬로 연결되어 모든 입력이 on 되는 경우에만 출력이 on 되는 회로이다. [그림 3.30]의 (b)에서 PBS1과 PBS2를 모두 누르면 릴레이 코일 K1이 여자되고, K1 a접점이 닫히면서 실린더가 전진한다.

2) OR(병렬) 회로

OR 회로는 여러 개의 입력이 병렬로 연결되어 어느 하나의 입력만 on 되어도 출력이 on 되는 회로이다. [그림 3.30]의 (c)에서 PBS1 또는 PBS2를 누르면 릴레이 코일 K1이 여자되어 실린더가 전진한다.

5.3 자기유지회로

5.3.1 자기유지회로

자기유지회로는 입력 신호에 의해서 릴레이가 동작하고, 입력 신호가 차단되어도 입력 신호와 병렬로 연결되는 릴레이의 접점에 의해서 동작 상태를 유지하는 회로이다. [그림 3.31]에서 PBS1을 누르면 릴레이 K1이 여자되고, K1 a접점이 닫히면서 전류는 PBS1과 K1 접점을 통해 릴레이 코일로 공급된다. 이 상태에서 PBS1을 off 하여도 릴레이는 on 상태를 유지한다.

자기유지 해제를 위한 신호는 PBS2와 같이 전류가 릴레이 코일로 공급되는 것을 차단할 수 있는 위치에 설치한다. 자기유지회로는 자기유지 해제 신호의 위치에 따라서 정지(off) 우선 회로와 기동(on) 우선 회로가 있다.

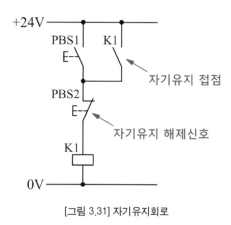

[그림 3.31] 자기유지회로

1) off 우선 자기유지회로

[그림 3.32]의 (b)는 PBS1을 누르면 릴레이 K1이 자기유지 되어 실린더가 전진하고, PBS2를 누르면 자기유지가 해제되어 실린더는 후진한다. PBS1과 PBS2를 모두 누르면 PBS2에 의해서 릴레이 코일 K1로 공급되는 전류를 차단하게 되므로 off 우선 자기유지회로라고 한다.

2) on 우선 자기유지회로

[그림 3.32]의 (c)는 자기유지 해제를 위한 PBS2가 자기유지 접점과 직렬로 연결되어 있다. PBS1과 PBS2를 모두 누르면 PBS1을 통해서 전류가 공급되므로

릴레이는 on 상태를 유지한다. 이러한 회로를 on 우선 자기유지회로라고 한다.

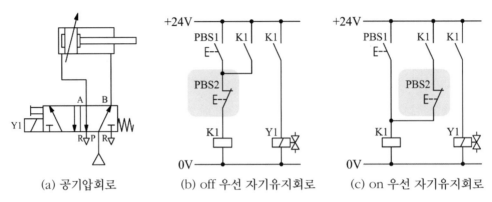

| (a) 공기압회로 | (b) off 우선 자기유지회로 | (c) on 우선 자기유지회로 |

[그림 3.32] 자기유지회로에 의한 복동실린더 제어

5.3.2 한 개의 스위치에 의한 자기유지 on/off

on 우선, off 우선 자기유지회로는 자기유지를 on 하기 위한 스위치와 off 하기 위한 스위치 두 개가 필요하다. 자기유지 on/off를 한 개의 스위치에 의해 구현하는 경우에는 [그림 3.33]과 같이 회로를 구성한다. 그림에서 PBS1을 누르면 릴레이 코일 K1이 여자되어 K1 접점에 의해 릴레이 코일 K3이 자기유지된다. PBS1을 다시 누르면 릴레이 코일 K2가 여자되어 K3의 자기유지를 해제하게 된다.

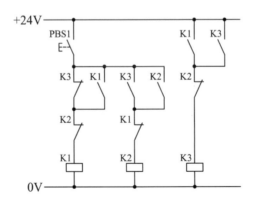

[그림 3.33] 한 개의 스위치에 의한 자기유지 on/off

5.4 인터록(inter lock)회로

인터록회로는 선입력 우선 회로 또는 상대동작 금지 회로라고도 하며, 먼저 입력된 신호에 의한 동작이 우선이 되도록 신호의 우선순위를 결정하여 회로에서 어떤 두 동작이 동시에 일어나지 않도록 할 때 사용한다.

[그림 3.34]의 (a)는 유지형 양솔레노이드 밸브에 의해서 실린더를 제어하도록 구성되어 있다. (b)의 전기회로에서 PBS1을 누르면 실린더가 전진하고, PBS2를 누르면 후진한다. PBS1 또는 PBS2를 누른 상태에서는 동작하고 있는 릴레이의 b접점이 열려 있으므로 다른 스위치를 눌러도 상대 릴레이는 여자되지 않는다. 따라서 먼저 입력된 스위치의 동작만 실행하게 된다.

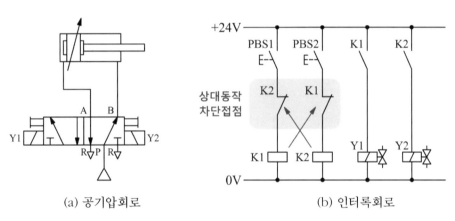

(a) 공기압회로   (b) 인터록회로

[그림 3.34] 인터록회로에 의한 복동실린더 제어

5.5 실린더 자동 복귀 회로

1) 편솔레노이드 밸브를 이용한 실린더 자동 복귀

[그림 3.35]에서 (a)의 공기압회로는 실린더 후진 및 전진 상태를 검출하는 리밋 스위치 LS1, LS2가 설치된다. (b)의 전기회로에서 PBS1을 누르면 릴레이 코일 K1이 자기유지 되고, Y1이 여자되어 실린더는 전진한다. 실린더가 전진을 완료하면 LS2에 의해서 자기유지가 해제되고 실린더는 후진한다.

전기회로에서 LS1 a접점은 실린더가 후진을 완료한 후에만 재시작이 가능하도록 하는 기능을 가진다.

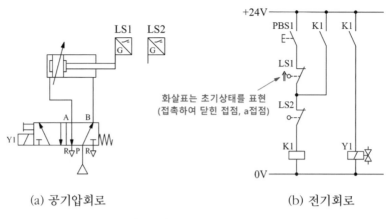

(a) 공기압회로   (b) 전기회로

[그림 3.35] 편솔레노이드 밸브를 이용한 실린더 자동 복귀

2) 양솔레노이드 밸브를 이용한 실린더 자동 복귀

[그림 3.36]에서 (a)의 공기압회로는 유지형 양솔레노이드 밸브가 사용된다. (b)의 전기회로에서 PBS1을 누르면 릴레이 코일 K1이 여자되어 실린더는 전진한다. 실린더가 전진을 완료하면 LS2에 의해서 릴레이 K2가 여자되고 실린더는 후진한다. LS1 a접점은 후진이 완료된 후에 재시작을 가능하게 한다.

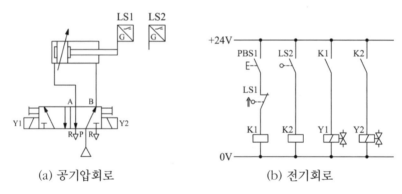

(a) 공기압회로   (b) 전기회로

[그림 3.36] 양솔레노이드 밸브를 이용한 실린더 자동 복귀

3) 실린더 연속 왕복 운전

실린더의 자동 복귀 회로를 나타낸 [그림 3.35]와 [그림 3.36]의 전기회로에서 시작신호인 PBS1을 계속 누르고 있는 경우에 실린더가 전진 및 후진을 완료하여 LS1을 누르면 실린더는 다시 전진을 시작하는 연속 왕복 운전을 한다. 이러한 연

속 왕복 회로는 자기유지회로를 적용하여 구현할 수 있다.

[그림 3.37]은 [그림 3.35]의 자동 복귀 회로에 자기유지회로를 적용하여 연속 왕복 회로로 변경한 것이다. PBS1을 누르면 K2가 자기유지 되고, 기존의 자동 복귀 회로의 시작 스위치를 대체한 K2 a접점(연속동작 시작 신호)에 의해서 시스템은 연속 왕복 운전을 한다.

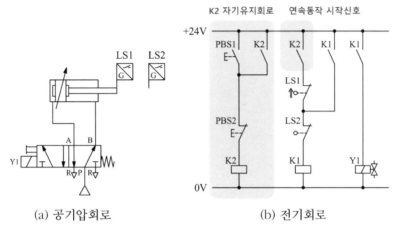

(a) 공기압회로   (b) 전기회로

[그림 3.37] 편솔레노이드 밸브를 이용한 실린더 연속 왕복

5.6 여자 지연(on delay) 타이머 응용 회로

[그림 3.38]의 (a)와 같이 공기압회로를 구성하고 실린더가 전진하여 LS2를 누르면 일정 시간이 지난 후에 후진이 되도록 하고자 한다.

지연 동작은 [그림 3.38] (b)의 전기회로와 같이 여자 지연 타이머를 적용하여 구현된다. 실린더가 전진하여 LS2를 누르면 전류가 타이머 코일 T1으로 공급된다. 타이머의 설정시간이 지나면 T1이 여자되어 접점이 개폐되고, T1 b접점에 의해 K1 자기유지가 해제되면서 실린더는 후진을 하게 된다.

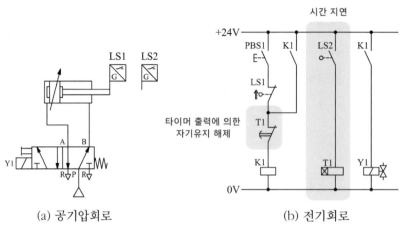

(a) 공기압회로　　　　　　　　　(b) 전기회로

[그림 3.38] 여자 지연 타이머 응용 회로

5.7 카운터 응용 회로

[그림 3.39]와 같이 공기압회로를 구성하고 PBS1을 누르면 3회 연속 동작 후에 사이클
이 종료되도록 하고자 한다. 일정 횟수를 반복하고 종료하는 동작에는 카운터가 이용된
다. 카운터를 이용하는 경우에는 연속 왕복 회로를 우선 구성한다.

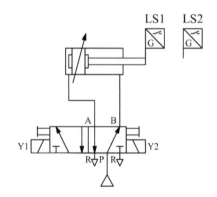

[그림 3.39] 양솔레노이드 밸브를 이용한 공기압회로

[그림 3.40]에서 PBS1을 누르면 릴레이 K3이 자기유지 되고 K3 a접점에 의해서 실린더
가 연속 왕복 동작을 하게 된다. K1, K2 릴레이는 각 사이클마다 한 번씩 on/off를 반복하
므로 K1 또는 K2의 a접점으로 카운터에 set 신호를 입력한다. 카운터로 입력되는 set 신
호의 횟수가 설정값과 일치하는 경우에 출력되는 C1 b접점으로 자기유지를 해제하면 실
린더의 동작은 해당 사이클을 종료하고 정지하게 된다. 카운터의 출력은 리셋 신호를 인

가할 때까지 on 되어 있으므로 작업을 재시작하기 위해서는 카운터 리셋에 연결된 PBS2
를 눌러 카운터를 초기화해야 한다.

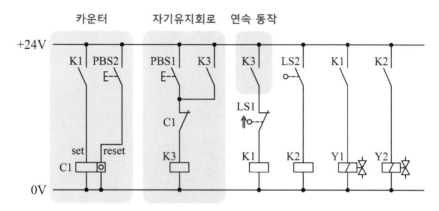

[그림 3.40] 카운터 응용 전기회로

5.8 3선식 PNP형 근접 스위치 적용 회로

[그림 3.41]은 PBS1을 누르면 실린더가 전진하고 LS2가 on 되면 후진하는 자동 복귀회로를 나타낸 것이다. [그림 3.42]는 [그림 3.41]에서 리밋 스위치를 대신하여 3선식 PNP형 근접 스위치를 적용하는 방법을 보여준다.

3선식 PNP형 근접 스위치의 배선 단자는 +24V, 0V 전원 단자와 출력 단자로 구성된다. +24V 전원 단자는 전기회로에서 +24V 전원에 직접 연결되거나 다른 입력 접점들을 통해서 연결되고, 0V 전원 단자는 직접 0V 전원에 연결된다.

근접 스위치가 on 되면 +24V 전원이 출력 단자로 출력되는데, 이는 리밋 스위치가 닫힌 것과 동일한 결과를 나타낸다. 결과적으로 3선식 PNP형 근접 스위치는 별도의 0V 전원을 연결하는 것 외에는 +24V 전원 단자와 출력 단자를 a접점 스위치로 가정할 수 있다. 3선식 용량형 또는 유도형 근접 스위치의 배선 방법은 동일하게 적용된다.

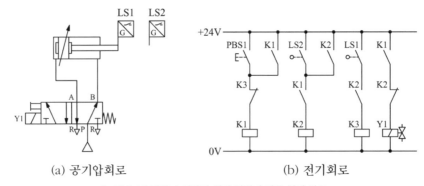

(a) 공기압회로　　　　　　　　(b) 전기회로

[그림 3.41] 리밋 스위치에 의한 실린더 자동 복귀 회로

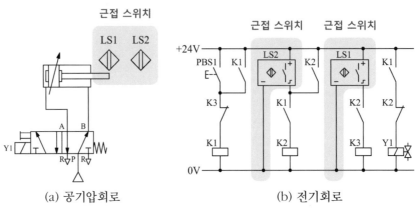

(a) 공기압회로　　　　　　　　(b) 전기회로

[그림 3.42] 근접 스위치에 의한 실린더 자동 복귀 회로

1. 변위단계선도

변위단계선도는 공유압 시스템의 작업 요소인 실린더, 모터, 램프 등의 동작 순서를 표현하기 위해서 사용된다. [그림 4.1]은 두 개의 실린더 A, B의 동작 순서를 나타낸 변위단계선도이다. 시스템이 운전을 시작하면 실린더 A 전진, 실린더 B 전진, 실린더 A 후진, 실린더 B 후진의 순서로 동작하는 것을 알 수 있다.

여러 개의 작업 요소를 변위단계선도로 표현하는 경우에는 각 작업 요소를 세로로 배열하여 각각에 대해서 동일한 방법으로 나타낸다. 작업 요소의 동작 순서는 여러 가지 방법으로 표현할 수 있는데, 기호로 표현하는 경우에는 실린더의 전진을 +, 후진을 -로 하여 나타낸다. [그림 4.1]에서 변위단계선도와 기호에 의한 표현을 확인할 수 있다.

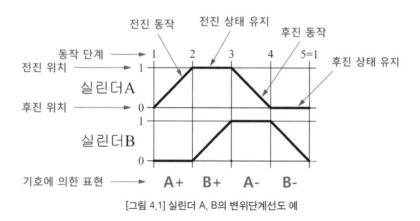

[그림 4.1] 실린더 A, B의 변위단계선도 예

2. 기본 제어동작 전기회로 설계

공유압 시스템을 순차적으로 제어하기 위한 전기회로도는 여러 가지 방법을 적용하여 설계할 수 있다. 이 책에서는 설비보전기사 실기 시험의 기본 제어동작을 이해하는데 필요한 다섯 가지 유형의 전기회로도 설계 방법과 추가적으로 요구되는 응용 제어동작의 구현 방법을 설명한다.

2.1 전기회로 설계 방법 1

"시스템의 마지막 동작이 솔레노이드에 전원이 차단되어 이루어지는 경우"

[그림 4.2]의 공기압회로를 구성하고 초기 상태에서 PB1 스위치를 누르면 [그림 4.3]의 변위단계선도와 같이 동작하도록 전기회로를 설계하고자 한다.

솔레노이드 Y3에 전원이 차단되어 마지막 동작 실린더 B 후진이 이루어지는 시스템의 전기회로는 다음의 순서에 따라 설계할 수 있다.

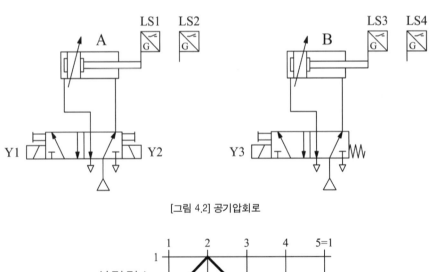

[그림 4.2] 공기압회로

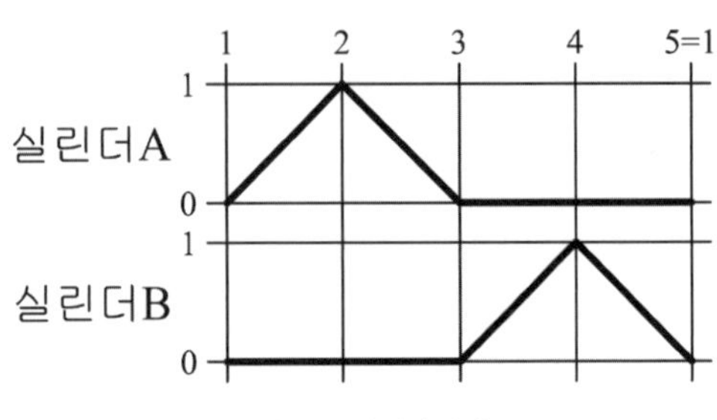

[그림 4.3] 변위단계선도

2.1.1 변위단계선도 분석

주어진 공기압회로는 변위단계선도에 따라서 PB1을 누르면 실린더 A 전진, 실린더 A가 LS2를 누르면 실린더 A 후진, 실린더 A가 LS1을 누르면 실린더 B 전진, 실린더 B가 LS4를 누르면 실린더 B가 후진하여 LS3을 누르고 정지한다.

전기회로도 설계를 위하여 각 동작의 시작 신호를 [그림 4.4]의 (a)와 같이 변위단계선도에 기입하거나 (b)와 같이 기호를 사용하여 정리한다. 여기서 각 동작을 완료하는 신호는 다음 동작의 시작 신호로 사용된다.

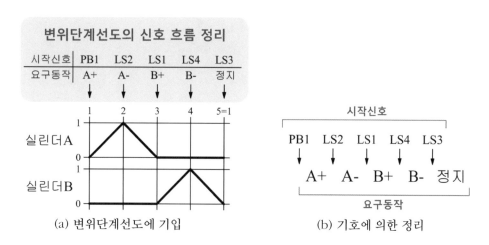

(a) 변위단계선도에 기입   (b) 기호에 의한 정리

[그림 4.4] 변위단계선도의 신호 흐름 정리

2.1.2 전원선, 릴레이 코일, 솔레노이드 배치

1) +24V, 0V 전원선을 그린다.

2) 실린더 동작 수와 동일한 수의 릴레이 코일을 배치한다.

3) 사용되는 솔레노이드를 배치한다.

실린더 동작은 4단계이므로 네 개의 릴레이가 필요하며, 각각의 릴레이는 순서대로 실린더를 동작시키는 신호로 사용된다.

※ 릴레이 코일과 솔레노이드 기호 하단에 각각의 기능을 정리하면 공기압회로 및 변위단계선도를 참고하지 않아도 회로 설계가 가능해진다.

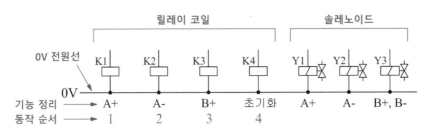

[그림 4.5] 전원선, 릴레이 코일, 솔레노이드 배치

2.1.3 첫 번째 동작, 실린더 A 전진

1) 시작 신호 PB1과 마지막 동작 완료 신호 LS3 a접점을 직렬 연결하고, 자기유지 접점과 병렬 연결한다.

2) 자기유지된 라인과 마지막 동작의 릴레이 K4 b접점을 직렬 연결하고, 코일에 연결한다.

3) PB1을 누르면 자기유지되는 K1 a접점을 실린더 A를 전진시키는 솔레노이드 Y1에 연결한다.

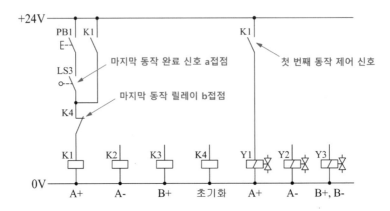

[그림 4.6] 제어부의 시작 신호와 첫 번째 동작

2.1.4 릴레이 코일 제어부 구성

1) 실린더 각 동작의 시작 신호와 자기유지 접점을 병렬 연결한다.

2) 자기유지된 라인과 릴레이 a접점을 직렬 연결하고, 코일과 연결한다.

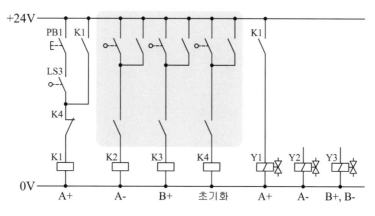

[그림 4.7] 릴레이 코일 제어부 구성

2.1.5 제어부의 릴레이 접점 명칭 기입

1) 자기유지 접점의 명칭을 기입한다.

2) 릴레이 코일 앞의 접점에 이전 단계의 릴레이 명칭을 기입한다. 이 접점은 이전 단계가 동작해 야만 해당 동작이 되도록 하는 기능을 가진다.

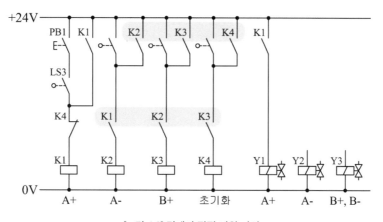

[그림 4.8] 릴레이 접점 명칭 기입

2.1.6 두 번째 동작, 실린더 A 후진

1) 첫 번째 동작 A+의 완료 신호 LS2에 의해 K2가 자기유지되도록 한다.

2) K2 a접점을 실린더 A를 후진시키는 솔레노이드 Y2에 연결하고, K2 b접점을 Y1에 연결하여 Y1의 전원을 차단한다.

□ 솔레노이드 on/off 구동 신호

편솔레노이드 밸브인 경우에는 솔레노이드를 릴레이 a접점으로 여자시키고, b접점으로 소자시켜 밸브를 제어한다.

양솔레노이드 밸브인 경우에는 양측의 솔레노이드가 모두 여자되면 밸브가 구동되지 않는다. 따라서 뒤에 동작하는 릴레이 접점의 신호로 먼저 여자된 솔레노이드의 전원을 차단하도록 인터록해야 한다.

[그림 4.9]에서 Y3은 실린더 B를 제어하는 편솔레노이드 밸브이다. 실린더 B의 전진 동작은 릴레이 a접점으로 Y3을 여자시키고, 후진 동작은 릴레이 b접점으로 Y3을 소자시켜야 한다.

Y1과 Y2는 실린더 A를 제어하는 양솔레노이드 밸브이다. K1이 on 되면 K1 a접점으로 Y1에 전원을 공급하여 실린더 A가 전진하고, K2가 on 되면 K2 a접점으로 Y2에 전원을 공급하여 실린더 A가 후진한다. 이때 Y1은 K1 a접점에 의해서 여자된 상태를 유지하고 있으므로 K2 b접점으로 전원을 차단해야 실린더 A가 후진할 수 있다.

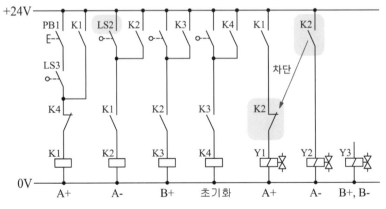

[그림 4.9] 두 번째 동작의 회로 구성

2.1.7 세 번째 동작, 실린더 B 전진

1) 두 번째 동작 A−의 완료 신호 LS1에 의해 K3이 자기유지되도록 한다.

2) K3 a접점을 실린더 B를 전진시키는 Y3에 연결한다.

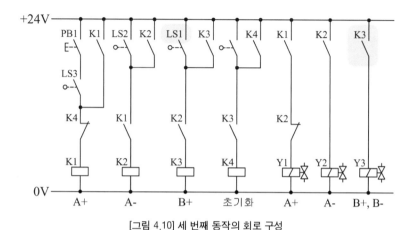

[그림 4.10] 세 번째 동작의 회로 구성

2.1.8 네 번째 동작, 실린더 B 후진

1) 세 번째 동작 B+의 완료 신호 LS4에 의해 K4가 자기유지되도록 한다.

2) K4 b접점을 Y3에 연결하여 Y3의 전원을 차단한다.

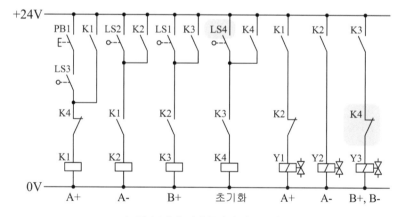

[그림 4.11] 네 번째 동작의 회로 구성

2.1.9 회로 수정

[그림 4.12]에서 실린더 B가 전진하여 LS4를 누르면 시작 라인의 K4 b접점에 의해서 전기회로는 초기화된다. 따라서 K4의 자기유지 접점은 시스템에 영향을 주

지 않으므로 삭제할 수 있다. 또한, 전기회로가 초기화되면 Y3를 on 시키는 K3 a 접점이 열리고 실린더 B가 후진하므로 Y3와 연결된 K4 b접점도 삭제할 수 있다.

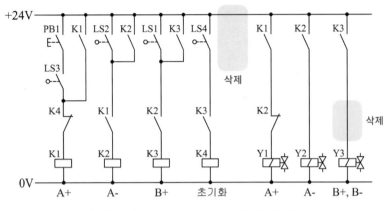

[그림 4.12] 수정된 A+ A- B+ B- 동작의 전기회로도

2.2 전기회로 설계 방법 2

"시스템의 마지막 동작이 솔레노이드에 전원이 인가되어 이루어지는 경우 1"

[그림 4.13]의 공기압회로를 구성하고 초기 상태에서 PB1 스위치를 누르면 [그림 4.14]의 변위단계선도와 같이 동작하도록 전기회로를 설계하고자 한다.

솔레노이드 Y2에 전원이 인가되어 마지막 동작 실린더 A 후진이 이루어지는 시스템의 전기회로는 다음의 순서에 따라 설계할 수 있다.

실린더의 마지막 동작을 구성하는 부분을 제외하고는 앞에서 설명한 첫 번째 방법과 동일한 과정으로 회로를 설계하게 된다.

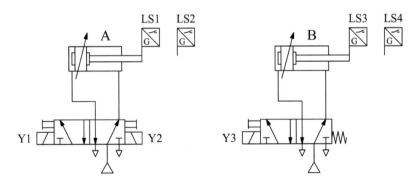

[그림 4.13] 공기압회로

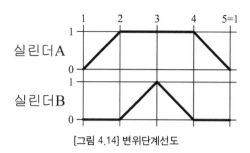

[그림 4.14] 변위단계선도

2.2.1 변위단계선도 분석

주어진 시스템은 PB1을 누르면 실린더 A 전진, 실린더 A가 LS2를 누르면 실린더 B 전진, 실린더 B가 LS4를 누르면 실린더 B 후진, 실린더 B가 LS3을 누르면 실린더 A가 후진하여 LS1을 누르고 정지한다.

전기회로도 설계를 위하여 각 동작의 시작 신호를 [그림 4.15]와 같이 변위단계선도에 기입하거나 기호를 사용하여 정리한다. 여기서 각 동작을 완료하는 신호는 다음 동작의 시작 신호로 사용된다.

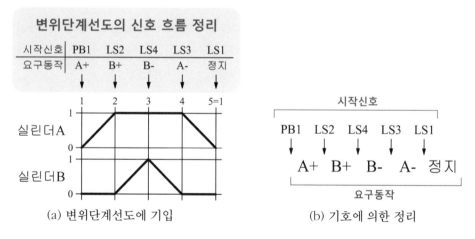

(a) 변위단계선도에 기입   (b) 기호에 의한 정리

[그림 4.15] 변위단계선도의 신호 흐름 정리

2.2.2 전원선, 릴레이 코일, 솔레노이드 배치

1) +24V, 0V 전원선을 그린다.

2) 실린더 동작 수와 동일한 수의 릴레이 코일을 배치한다.

3) 사용되는 솔레노이드를 배치한다.

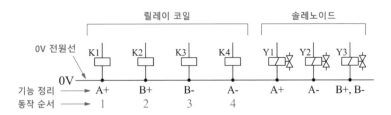

[그림 4.16] 전원선, 릴레이 코일, 솔레노이드 배치

2.2.3 첫 번째 동작, 실린더 A 전진

1) 시작 신호 PB1, 동작 완료 신호 LS1을 이용하여 자기유지회로를 구성하고 마지막 동작 릴레이(K4)에 의해 해제되도록 회로를 구성한다.

2) K1 a접점을 실린더 A를 전진시키는 솔레노이드 Y1에 연결한다.

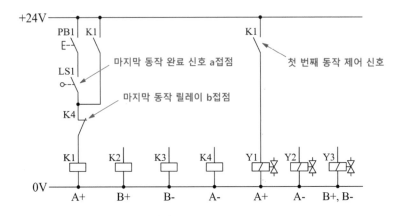

[그림 4.17] 제어부의 시작 신호와 첫 번째 동작

2.2.4 릴레이 코일 제어부 구성

1) 실린더 각 동작의 시작 신호와 자기유지 접점을 병렬 연결한다.

2) 자기유지된 각 라인과 릴레이 a접점을 직렬 연결하고, 코일과 연결한다.

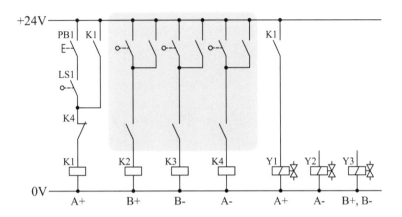

[그림 4.18] 릴레이 코일 제어부 구성

2.2.5 제어부의 릴레이 접점 명칭 기입

1) 자기유지 접점의 명칭을 기입한다.

2) 릴레이 코일 앞의 접점에 이전 단계의 릴레이 명칭을 기입한다. 이 접점은 이전 단계가 동작해야만 해당 동작이 되도록 하는 기능을 가진다.

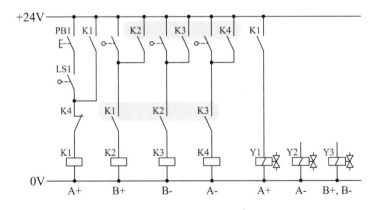

[그림 4.19] 릴레이 접점 명칭 기입

2.2.6 두 번째 동작, 실린더 B 전진

1) 첫 번째 동작 A+의 완료 신호 LS2에 의해 K2가 자기유지되도록 한다.

2) K2 a접점을 실린더 B를 전진시키는 솔레노이드 Y3에 연결한다.

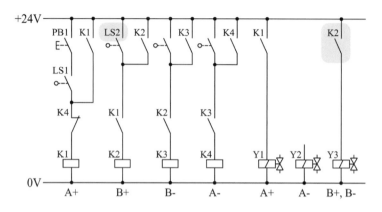

[그림 4.20] 두 번째 동작의 회로 구성

2.2.7 세 번째 동작, 실린더 B 후진

1) 두 번째 동작 B+의 완료 신호 LS4에 의해 K3이 자기유지되도록 한다.

2) K3 b접점을 Y3에 연결하여 Y3의 전원을 차단한다.

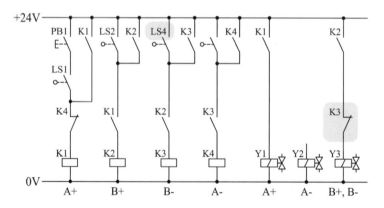

[그림 4.21] 세 번째 동작의 회로 구성

2.2.8 네 번째 동작, 실린더 A 후진

1) 세 번째 동작 B-의 완료 신호 LS3에 의해 K4가 자기유지되도록 한다.

2) K4 a접점을 실린더 A를 후진시키는 솔레노이드 Y2에 연결하고, K4 b접점을 Y1에 연결하여 Y1의 전원을 차단한다.

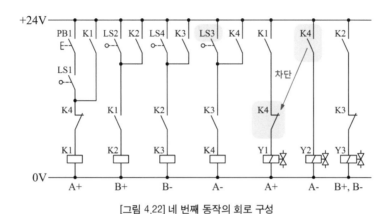

[그림 4.22] 네 번째 동작의 회로 구성

2.2.9 마지막 동작의 오류 수정

[그림 4.22]에서 릴레이 K4가 on 되면 전기회로는 초기화되므로 짧은 시간 동안 on 되는 K4의 신호로는 솔레노이드 Y2를 구동시킬 수 없다. 따라서 [그림 4.23]과 같이 K4를 자기유지시키고 마지막 동작이 완료된 후에 초기화되도록 회로를 수정한다.

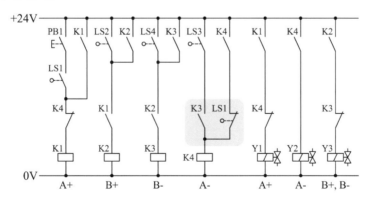

[그림 4.23] 마지막 동작의 오류 수정 회로

오류가 수정된 [그림 4.23]에서 리밋 스위치 LS1은 두 개의 접점이 사용되고 있다. 일반적인 리밋 스위치는 한 개의 접점을 가지고 있으므로 이 경우에는 LS1의 신호로 릴레이를 구동하여 릴레이의 접점을 사용해야 한다. 따라서 [그림 4.24]와 같이 기존의 LS1 접점을 LS1에 의해 구동되는 K5의 접점으로 대체한다.

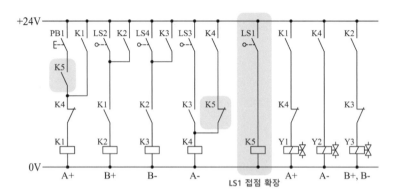

[그림 4.24] A+ B+ B- A- 동작의 전기 회로도

2.3 전기회로 설계 방법 3

"시스템의 마지막 동작이 솔레노이드에 전원이 인가되어 이루어지는 경우 2"

[그림 4.25]의 공기압회로를 구성하고 초기 상태에서 PB1 스위치를 누르면 [그림 4.26]의 변위단계선도와 같이 동작하도록 전기회로를 설계하고자 한다.

솔레노이드 Y3에 전원이 인가되어 마지막 동작 실린더 B 후진이 이루어지는 시스템의 전기회로는 앞에서 설명한 방법 외에도 다음의 방법에 따라서 설계할 수 있다.

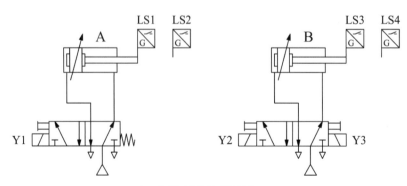

[그림 4.25] 공기압회로

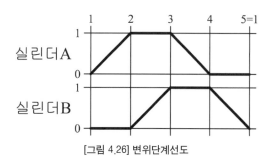

[그림 4.26] 변위단계선도

2.3.1 변위단계선도 분석

　주어진 시스템은 PB1을 누르면 실린더 A 전진, 실린더 A가 LS2를 누르면 실린더 B 전진, 실린더 B가 LS4를 누르면 실린더 A 후진, 실린더 A가 LS1을 누르면 실린더 B가 후진하여 LS3을 누르고 정지한다.

　전기 회로도 설계를 위하여 각 동작의 시작신호를 [그림 4.27]과 같이 변위단계선도에 기입하거나 기호를 사용하여 정리한다. 여기서 각 동작을 완료하는 신호는 다음 동작의 시작신호로 사용된다.

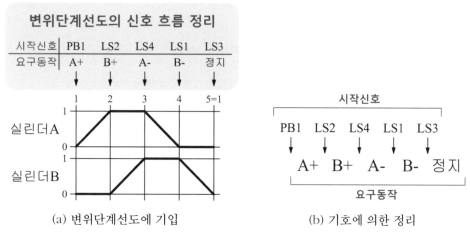

(a) 변위단계선도에 기입　　(b) 기호에 의한 정리

[그림 4.27] 변위단계선도의 신호 흐름 정리

2.3.2 전원선, 릴레이 코일, 솔레노이드 배치

1) +24V, 0V 전원선을 그린다.

2) 실린더 동작 수 + 1개의 릴레이 코일을 배치한다.

3) 사용되는 솔레노이드를 배치한다.

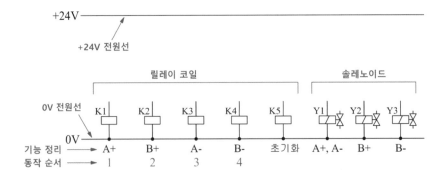

[그림 4.28] 전원선, 릴레이 코일, 솔레노이드 배치

2.3.3 첫 번째 동작, 실린더 A 전진

1) 시작 신호 PB1을 누르면 첫 번째 릴레이 K1이 자기유지되고 마지막 릴레이 K5 b접점으로 자기유지를 해제하도록 회로를 구성한다.

2) K1 a접점을 실린더 A를 전진시키는 솔레노이드 Y1에 연결한다.

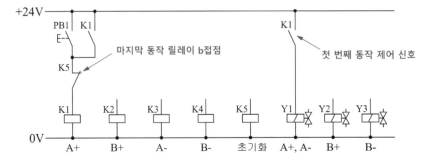

[그림 4.29] 제어부의 시작신호와 첫 번째 동작

2.3.4 릴레이 코일 제어부 구성

1) 실린더 각 동작의 시작 신호와 자기유지 접점을 병렬 연결한다.

2) 자기유지된 각 라인과 릴레이 a접점을 직렬 연결하고, 코일과 연결한다.

3) 마지막 릴레이 코일은 자기유지 회로를 구성하지 않는다.

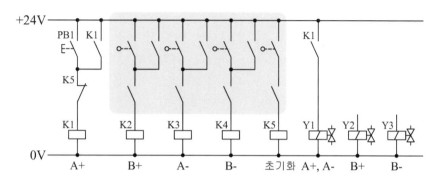

[그림 4.30] 릴레이 코일 제어부 구성

2.3.5 제어부의 릴레이 접점 명칭 기입

1) 자기유지 접점의 명칭을 기입한다.

2) 릴레이 코일 앞의 접점에 이전 단계의 릴레이 명칭을 기입한다. 이 접점은 이전 단계가 동작해야만 해당 동작이 되도록 하는 기능을 가진다.

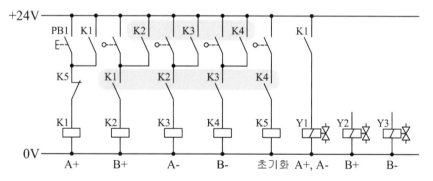

[그림 4.31] 릴레이 접점 명칭 기입

2.3.6 두 번째 동작, 실린더 B 전진

1) 첫 번째 동작 A+의 완료 신호 LS2에 의해 K2가 자기유지되도록 한다.

2) K2 a접점을 실린더 B를 전진시키는 솔레노이드 Y2에 연결한다.

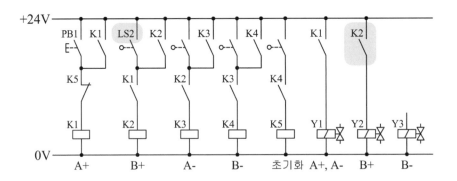

[그림 4.32] 두 번째 동작의 회로 구성

2.3.7 세 번째 동작, 실린더 A 후진

1) 두 번째 동작 B+의 완료 신호 LS4에 의해 K3이 자기유지되도록 한다.

2) K3 b접점을 Y1에 연결하여 Y1의 전원을 차단한다.

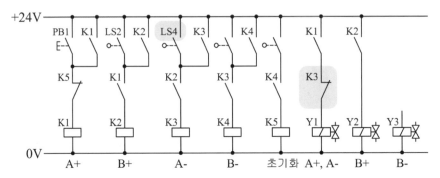

[그림 4.33] 세 번째 동작의 회로 구성

2.3.8 네 번째 동작, 실린더 B 후진

1) 세 번째 동작 A-의 완료 신호 LS1에 의해 K4가 자기유지되도록 한다.

2) K4 a접점을 실린더 B를 후진시키는 솔레노이드 Y3에 연결하고, K4 b접점을 Y2에 연결하여 Y2의 전원을 차단한다.

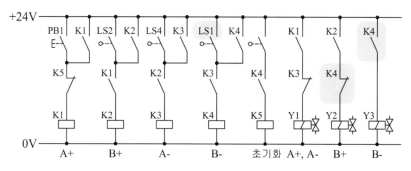

[그림 4.34] 네 번째 동작의 회로 구성

2.3.9 전기회로 초기화

□ 마지막 동작 B-의 완료 신호 LS3에 의해 K5가 여자되도록 한다.

[그림 4.35]의 전기회로는 마지막 동작인 실린더 B 후진이 완료되어 LS3을 누르면 K5가 on 되면서 초기화된다.

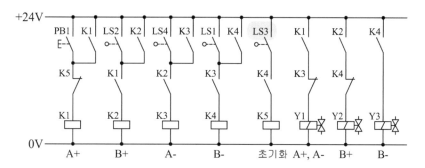

[그림 4.35] A+ B+ A- B- 동작의 전기 회로도

2.4 전기회로 설계 방법 4

[그림 4.36]의 공기압회로를 구성하고 초기 상태에서 PB1 스위치를 누르면 [그림 4.37]의 변위단계선도와 같이 동작하도록 전기회로를 설계하고자 한다.

앞에서 설명한 전기회로들에서 실린더의 각 동작을 제어하는 릴레이는 순차적으로 on되고 마지막 동작에서 동시에 off 되는 방식으로 구동된다.

본 절에서는 실린더의 각 동작마다 한 개씩의 릴레이만 on 시키는 방법으로 전기회로를 설계한다. 이 방법은 주로 복귀형 스프링이 내장되지 않은 양솔레노이드 밸브를 이용하는 경우에 적용된다.

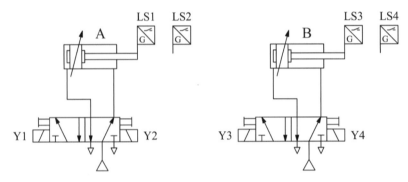

[그림 4.36] 공기압회로

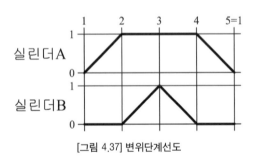

[그림 4.37] 변위단계선도

2.4.1 변위단계선도 분석

주어진 시스템은 PB1을 누르면 실린더 A 전진, 실린더 A가 LS2를 누르면 실린더 B 전진, 실린더 B가 LS4를 누르면 실린더 B 후진, 실린더 B가 LS3을 누르면 실린더 A가 후진하여 LS1을 누르고 정지한다.

전기 회로도 설계를 위하여 각 동작의 시작신호를 [그림 4.38]과 같이 변위단계선도에 기입하거나 기호를 사용하여 정리한다. 여기서 각 동작을 완료하는 신호는 다음 동작의 시작신호로 사용된다.

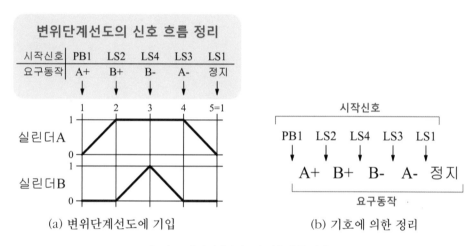

[그림 4.38] 변위단계선도의 신호 흐름 정리

2.4.2 전원선, 릴레이 코일, 솔레노이드 배치

1) +24V, 0V 전원선을 그린다.

2) 실린더 동작 수와 동일한 수의 릴레이 코일을 배치한다.

3) 사용되는 솔레노이드를 배치한다.

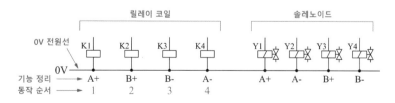

[그림 4.39] 전원선, 릴레이 코일, 솔레노이드 배치

2.4.3 첫 번째 동작, 실린더 A 전진

1) 시작 신호, 마지막 동작 완료 신호 a접점, 마지막 동작 릴레이 a접점을 직렬 연결하여 자기유지시키고, 다음 동작 릴레이 b접점으로 해제한다.

2) K1 a접점을 실린더 A를 전진시키는 솔레노이드 Y1에 연결한다.

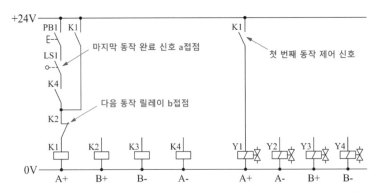

[그림 4.40] 제어부의 시작신호와 첫 번째 동작

2.4.4 릴레이 코일 제어부 구성

1) 각 동작의 시작 신호와 릴레이 a접점을 직렬 연결하고 자기유지시킨다.

2) 각 라인의 자기유지를 해제하는 릴레이 b접점을 삽입한다.

3) 마지막 릴레이의 자기유지 접점과 병렬로 PB2 스위치를 연결한다.(이 시스템은 PB2를 눌러 K4를 자기유지시킨 후 PB1에 의해 운전된다.)

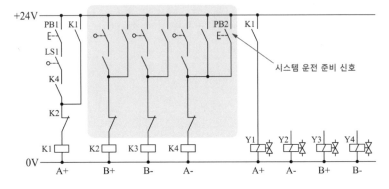

[그림 4.41] 릴레이 코일 제어부 구성

2.4.5 제어부의 릴레이 접점 명칭 기입

1) 자기유지 접점의 명칭을 기입한다.

2) 각 동작 시작 신호와 연결된 접점에 전 단계의 릴레이 명칭을 기입한다.

3) 각 라인의 자기유지 해제 접점에 다음 단계의 릴레이 명칭을 기입한다.

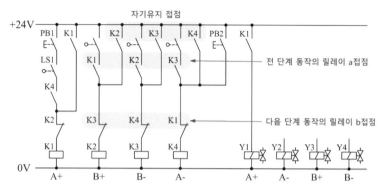

[그림 4.42] 릴레이 접점 명칭 기입

2.4.6 두 번째 동작, 실린더 B 전진

1) 첫 번째 동작 A+의 완료 신호 LS2에 의해 K2가 자기유지되도록 한다. (K2가 on 되면 K2 b접점에 의해 K1 자기유지가 해제된다.)

2) K2 a접점을 실린더 B를 전진시키는 솔레노이드 Y3에 연결한다.

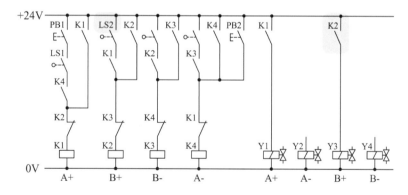

[그림 4.43] 두 번째 동작의 회로 구성

2.4.7 세 번째 동작, 실린더 B 후진

1) 두 번째 동작 B+의 완료 신호 LS4에 의해 K3이 자기유지되도록 한다.

2) K3 a접점을 솔레노이드 Y4에 연결한다.(K3이 on 되면 K2 자기유지가 해제되므로 Y3의 인터록 접점은 삽입하지 않아도 된다.)

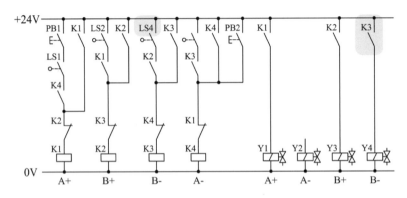

[그림 4.44] 세 번째 동작의 회로 구성

2.4.8 네 번째 동작, 실린더 A 후진

1) 세 번째 동작 B-의 완료 신호 LS3에 의해 K4가 자기유지되도록 한다.

2) K4 a접점을 솔레노이드 Y2에 연결하면 전기회로 설계가 완료된다.

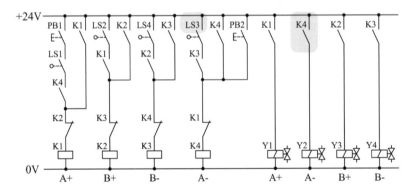

[그림 4.45] 네 번째 동작의 회로 구성, 최종 전기 회로도

2.5 전기회로 설계 방법 5

[그림 4.46]의 공기압회로를 구성하고 초기 상태에서 PB1 스위치를 누르면 [그림 4.47]
의 변위단계선도와 같이 동작하도록 전기회로를 설계하고자 한다.

앞에서 설명한 전기회로 설계 방법들에서 실린더의 동작을 제어하기 위한 릴레이의 수
는 시스템 동작의 수와 같거나 동작 수보다 한 개가 많이 필요하였다.

본 절에서는 사용되는 릴레이의 수를 최소화하는 방법으로 전기회로를 설계한다. 이 방법
은 주로 복귀형 스프링이 내장되지 않은 양솔레노이드 밸브를 이용하는 경우에 적용된다.

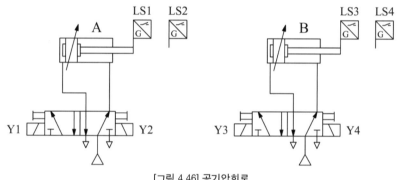

[그림 4.46] 공기압회로

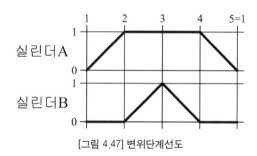

[그림 4.47] 변위단계선도

2.5.1 변위단계선도 분석 및 제어 그룹 분리

본 절의 방법으로 전기회로를 설계하기 위해서는 제어 그룹을 분리해야 한다. 제어 그룹은 동일한 실린더의 전후진 동작이 한 그룹에 한 번씩만 나타나도록 분리한다.

[그림 4.48]의 (b)에 제어 그룹을 분리하여 나타내었다. 여기서 LS4는 제어 그룹 변경하는 신호이며, LS2와 LS3은 각 그룹 내에서 동작을 시작하는 신호로 사용된다.

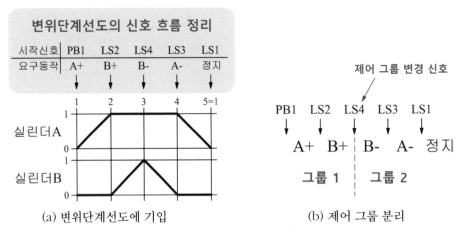

(a) 변위단계선도에 기입   (b) 제어 그룹 분리

[그림 4.48] 신호 흐름 정리 및 제어 그룹 분리

2.5.2 전원선, 릴레이 코일, 솔레노이드, 그룹 제어선 배치

1) +24V, 0V 전원선을 그린다.

2) 제어 그룹 수-1개의 릴레이 코일을 배치한다.

3) 사용되는 솔레노이드를 배치한다.

4) 각 그룹의 제어선을 배치한다.

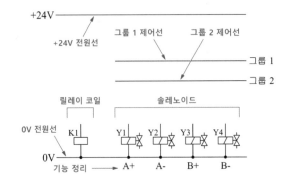

[그림 4.49] 전원선, 릴레이 코일, 솔레노이드, 제어 그룹선 배치

2.5.3 첫 번째 동작, 실린더 A 전진

1) 시작 신호, 마지막 동작 완료 신호 a접점을 직렬 연결하여 자기유지시키고, 제어 그룹을 변경하는 신호로 자기유지를 해제하도록 한다.

2) K1 a접점을 그룹 1 제어선과 솔레노이드 Y1에 연결하여 첫 번째 동작이 되도록 한다.

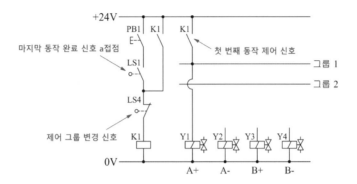

[그림 4.50] 제어부의 시작신호와 첫 번째 동작

2.5.4 두 번째 동작, 실린더 B 전진

□ 첫 번째 동작 A+의 완료 신호 LS2에 의해서 B+이 되도록 그룹 1의 제어선에서 LS2를 분기하여 솔레노이드 Y3에 연결한다.

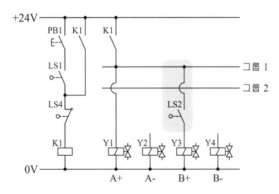

[그림 4.51] 두 번째 동작의 회로 구성

2.5.5 세 번째 동작, 실린더 B 후진

□ 두 번째 동작 B+의 완료 신호 LS4가 on 되면 K1 자기유지가 해제되어 K1 b접점이 닫히게 된다. 따라서 K1 b접점을 그룹 2 제어선과 솔레노이드 Y4에 연결하여 실린더 B가 후진되도록 한다.

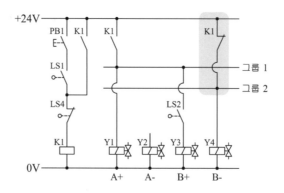

[그림 4.52] 세 번째 동작의 회로 구성

2.5.6 네 번째 동작, 실린더 A 후진

□ 세 번째 동작 B-의 완료 신호 LS3에 의해서 A-이 되도록 그룹 2의 제어선에서 LS3를 분기하여 솔레노이드 Y2에 연결한다.

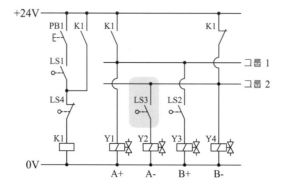

[그림 4.53] 네 번째 동작의 회로 구성

설계된 전기회로도는 다음과 같이 정리될 수 있다.

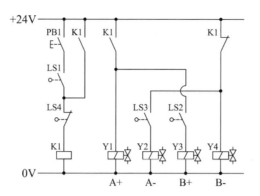

[그림 4.54] A+ B+ B- A- 동작의 전기 회로도

3. 응용제어동작 전기회로 설계

3.1 타이머에 의한 시간 지연 동작

1) 요구사항 예시

실린더 A의 전진이 완료되면 3초 후에 실린더 B가 동작하도록 타이머를 사용하여 전기회로도를 변경하고 시스템을 구성하시오.

2) 변경 방법

[그림 4.55]의 (a)와 같이 K1이 여자되면 실린더 A가 전진하고 K2가 여자되면 실린더 B가 전진하는 전기회로의 예에서 실린더 B 전진의 시작신호는 리밋 스위치 LS2이다. 이 회로를 [그림 4.55]의 (b)와 같이 LS2에 의해 여자 지연 타이머 코일 T1을 여자시키고 3초 후에 출력되는 T1 a접점 신호로 실린더 B가 전진하도록 변경한다.

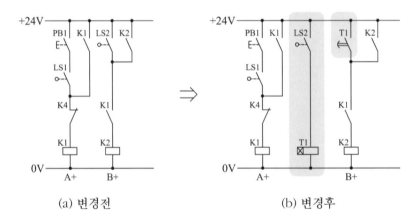

(a) 변경전   (b) 변경후

[그림 4.55] 여자 지연 타이머에 의한 시간 지연 동작

3.2 연속동작회로

3.2.1 연속동작 시작/정지 스위치 사용 회로

1) 요구사항 예시

현재의 시작 스위치 PB1 외에 연속 시작 스위치와 정지 스위치를 사용하여 연

속 사이클(반복 자동 행정) 회로를 구성하고 다음과 같이 동작되도록 하시오.

가) 연속 시작 스위치 PB2를 누르면 연속 사이클(반복 자동 행정)로 계속 동
작한다.

나) 정지 스위치 PB3을 누르면 사이클이 완료되고 정지한다.

2) 변경 방법

기본제어동작의 전기 회로도에서 PB1을 계속 누르고 있으면 시스템은 연속동
작을 하고, PB1을 복귀시키면 시스템은 운전 중인 사이클을 종료하고 정지한다.
따라서 [그림 4.56]과 같이 PB2에 의해 자기유지회로를 구성하고, 자기유지된
K5 a접점을 1사이클 동작의 시작신호인 PB1과 병렬(OR 회로)로 연결하면 PB2
의 신호로 시스템은 연속운전을 하게 된다. 연속동작 중에 PB3을 누르면 K5의
자기유지가 해제되어 시스템은 해당 사이클을 종료하고 정지한다.

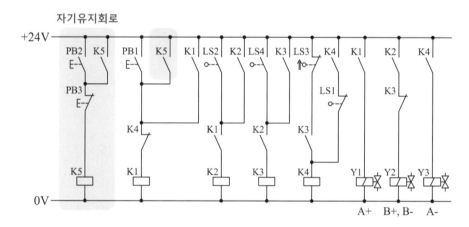

[그림 4.56] 연속/정지 스위치에 의한 연속동작회로

3.2.2 한 개의 누름버튼 스위치에 의한 연속동작 시작/정지 회로

1) 요구사항 예시

누름버튼 스위치 PB2를 추가하여 다음과 같이 동작되도록 하시오.

가) 누름버튼 스위치 PB2를 한번 누르면 기본제어동작이 연속으로 동작한다.

나) 누름버튼 스위치 PB2를 다시 누르면 모두 초기 상태가 되어야 한다.

2) 변경 방법

[그림 4.57]과 같이 PB2 스위치를 한번 누르면 K6이 자기유지되고, 다시 한 번 누르면 자기유지가 해제되는 회로를 구성하고 K6 a접점을 기존의 시작 스위치 PB1과 병렬로 연결한다.

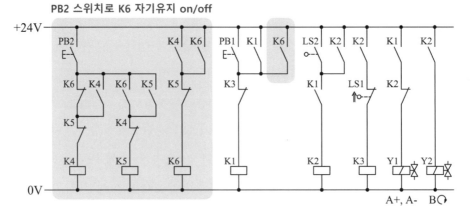

[그림 4.57] PB2 스위치에 의한 연속동작 시작/정지 회로

3.3 카운터를 이용한 연속동작 정지회로

1) 요구사항 예시

누름버튼 스위치 PB2를 추가하여 초기 상태에서 PB2 스위치를 누르면 기본제어 동작의 사이클을 연속으로 반복한다. 연속동작의 정지는 사이클을 3회 반복한 후 정지해야 한다. 시작 스위치를 다시 누르는 것만으로 같은 작업이 반복되어야 한다.

2) 변경 방법

[그림 4.58]과 같이 PB2에 의한 자기유지회로를 구성하고, 자기유지 접점을 기존의 시작 스위치 PB1과 병렬로 연결하면 시스템은 PB2에 의해 연속 운전을 한다. 동작을 3사이클 운전한 후에는 시스템이 정지되어야 하므로 카운터 출력 C1에 의해 자기유지를 해제하도록 한다.

카운터에 반복 횟수를 입력하는 셋(set) 신호는 각 사이클마다 한 번씩 on 되는 릴레이 접점의 신호를 연결하고, 리셋(reset)에는 PB2를 연결하여 PB2가 on 되면 카운터 리셋과 연속동작의 시작이 동시에 이루어지도록 한다.

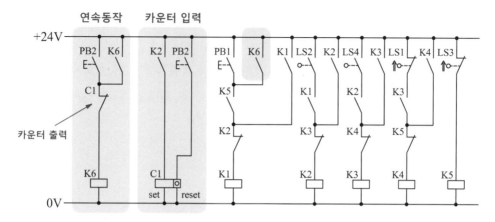

[그림 4.58] 카운터를 이용한 연속동작 정지

3.4 압력 스위치 적용

1) 요구사항 예시

실린더 A가 전진 완료 후 전진 측 공급 압력이 3MPa 이상 되어야 실린더 A가 후진되고 유압모터 B가 회전하도록 압력 스위치를 사용하여 회로를 구성하시오.

2) 변경 방법

[그림 4.59]의 (a)와 같이 실린더 A의 전진 측 공급 라인에 압력 스위치와 압력 게이지를 설치한다. 전기회로는 실린더 A가 전진을 완료하여 LS2를 누르고 압력 스위치 PS의 신호가 on 되면 다음 동작이 진행되도록 LS2와 PS를 직렬로 연결한다.

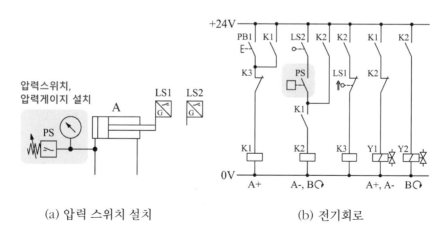

(a) 압력 스위치 설치   (b) 전기회로

[그림 4.59] 압력 스위치 적용

3.5 비상정지

비상정지 동작은 비상 스위치를 눌러 시스템을 정지시키는 것을 말한다. 일반적으로 비상정지 동작은 비상 스위치의 b접점에 의해 시스템 전원을 공급하고 비상 스위치가 눌러지면 전원을 차단하도록 사용되므로 이 책에서는 비상 스위치의 b접점을 사용하여 회로를 구성한다.

3.5.1 비상정지 시 솔레노이드 on

1) 요구사항 예시

비상 스위치를 추가하여 다음과 같이 동작되도록 하시오.

가) 실린더 A가 전진하고 실린더 B는 후진하며 램프가 점등되어야 한다.

나) 비상 스위치를 해제하면 램프가 소등되고 시스템은 초기화되어야 한다.

2) 변경 방법

[그림 4.60]과 같이 구성된 공기압 회로도에 요구사항에 따라서 비상정지를 적용한 전기회로는 [그림 4.61]과 같다.

비상 스위치 b접점에 연결된 릴레이 코일 K1은 여자되어 있으므로 K1 a접점을 통해서 전기회로에 +24V가 연결된다. 비상 스위치가 on 되면 K1이 소자되어 전기회로의 전원이 차단되고, K1 b접점이 닫히면서 램프가 점등된다. 실린더 A는 전진해야 하므로 K1 b접점을 통해서 Y1에 +24V가 전달되도록 회로를 구성한다. 만약 K3이 on 상태에서 비상 스위치가 눌러지면 +24V 전원이 K3 a접점을 통해서 주회로로 공급될 수 있으므로 K1 a접점으로 이를 차단해야 한다.

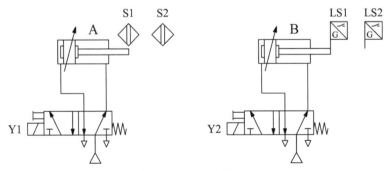

[그림 4.60] 공기압 회로도

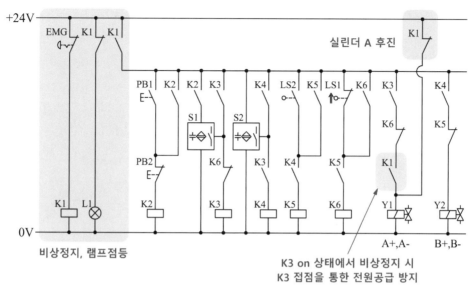

[그림 4.61] 비상정지 응용 전기 회로도

3.5.2 비상정지 해제 시 초기화

1) 요구사항 예시

비상 스위치 및 기타 부품을 추가하여 다음과 같이 동작되도록 하시오.

가) 기본제어동작 상태에서 비상정지 스위치 PB2를 한번 누르면 동작이 즉시 정지되어야 한다.

나) 비상정지 스위치 PB2를 해제하면 초기 상태로 복귀하여 시작 스위치 PB1 을 누르면 기본제어동작이 되어야 한다.

다) 비상정지 스위치가 동작 중일 때는 작업자가 알 수 있도록 램프가 점등되 어야 한다.

2) 변경 방법

[그림 4.62]와 같이 구성된 유압회로도에 요구사항에 따라서 비상정지를 적용 한 전기회로는 [그림 4.63]과 같다.

비상 스위치가 on 되면 전기회로의 전원이 차단되어 실린더는 즉시 정지하고, 램프가 점등된다. 비상정지가 해제되면 실린더 A와 B는 후진되어야 하므로 [그 림 4.63]과 같이 회로를 구성한다.

시스템이 운전 중이 아닌 경우에는 K1과 K3 b접점을 통해서 Y2와 Y4에 전원이 공급되어 실린더를 후진시키고, 시스템인 운전 중일 경우에는 K1 또는 K3이 on 되므로 Y2와 Y4에 별도의 전원이 공급되지 않는다.

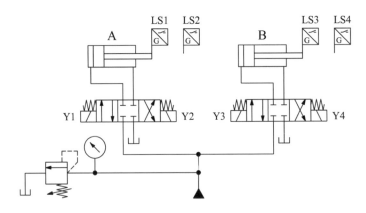

[그림 4.62] 유압 회로도

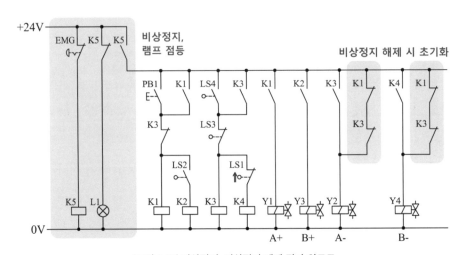

[그림 4.63] 비상정지, 비상정지 해제 전기 회로도

3.6 연속동작 완료와 동시에 램프 점등

1) 요구사항 예시

가) 연속 스위치 PB2를 추가하여 연속 스위치를 누르면 사이클을 5회 반복한 후 정지해야 한다.

나) 연속 작업 완료와 동시에 램프가 점등되어야 한다.

2) 변경 방법

먼저 [그림 4.64]와 같이 PB2에 의한 자기유지회로와 카운터를 이용한 5회 반복 동작의 회로를 구성한다.

램프 L1은 카운터 출력 C1이 on 되고 마지막 동작 완료 신호인 LS1이 on 되면 점등되어야 한다. 전기회로에서 카운터 출력 C1과 리밋 스위치 LS1은 각각 두 개의 접점이 필요하게 되므로 K6과 K7을 이용하여 접점의 수를 증가시킨다. 램프 L1에 연결된 K1 b접점은 적용되는 시스템에 따라서 필요 유무가 결정되는 접점으로써 연속 동작 상태에서는 램프의 점등을 금지하는 목적으로 사용된다.

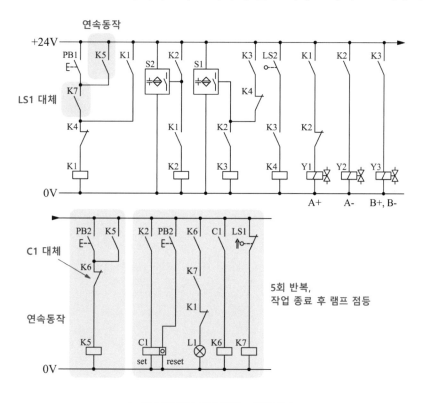

[그림 4.64] 작업 완료 시 램프 점등 회로

설비보전기사 실기
작업형 공개문제 풀이

PART

02

Craftsman Hydro-pneumatic

[제1과제 수험자 유의사항]

자격 종목	설비보전기사	과제명	전기공기압회로 설계 및 구성작업

※ 다음의 유의사항을 고려하여 요구사항을 완성하시오.

1) 시험 시작 전 장비 이상 유무를 확인합니다.

2) 시험 중 반드시 시험감독위원의 지시에 따라야 하며, 시험시간 동안 시험감독위원의 지시가 없는 한 시험장을 임의로 이탈할 수 없습니다.

3) 시험에 필요한 기기 이외의 부품이나 장비에 임의로 접촉하지 않도록 주의하시기 바랍니다.

4) 공기압 호스의 제거는 공급 압력을 차단한 후 실시하시기 바랍니다.

5) 전기 연결의 합선 시 즉시 전원 공급 장치의 전원을 차단하시기 바랍니다.

6) 액추에이터의 작동 부분에는 전선 및 호스가 접촉되지 않도록 주의하여야 합니다.

7) 수험자는 작업이 완료되면 시험감독위원의 확인을 받아야 하고, 시험감독위원의 지시에 따라 동작시킬 수 있어야 합니다. (단, 평가 시 전원이 유지된 상태에서 2회 이상 동작 시도하여 동일하게 정상 동작이 되어야 하며, 1회만 동작하고 2회 이상 시도 시 정상적으로 동작하지 않으면 인정하지 않습니다.)

8) 기본제어동작을 완성하고 반드시 시험감독위원의 평가를 받은 후 응용제어동작을 수행하여야 합니다.

9) 평가 종료 후 작업한 자리의 부품을 정리하여 모든 상태를 초기 상태로 정리하시기 바랍니다.

10) 다음 사항은 실격에 해당하여 채점 대상에서 제외됩니다.

    가) 수험자 본인이 수험 도중 시험에 대한 포기의사를 표하는 경우

    나) 실기시험 과정 중 1개 과정이라도 불참한 경우

    다) 시설·장비의 조작 또는 재료의 취급이 미숙하여 위해를 일으킬 것으로 시험감독위원 전원이 합의하여 판단한 경우

    라) 시험감독위원의 지시에 불응한 경우

    마) 기본제어동작을 시험감독위원에게 확인받지 않고 다음 작업을 진행한 경우

    바) 설비보전기사 실기과제 중 한 과제라도 응시하지 않은 경우

    사) 설비보전기사 실기과제 "전기공기압회로 설계 및 구성작업, 전기유압회로 설계 및 구성작업" 중 하나라도 0점인 과제가 있는 경우

    아) 작업을 수험자가 직접 하지 않고 다른 사람으로부터 도움을 받아 작업을 할 경우

    자) 시험 중 타인과 대화를 하거나 다른 수험자의 작품을 고의적으로 모방하는 경우

    차) 시험 중 휴대폰을 사용하거나 인터넷 및 네트워크 환경을 이용할 경우

    카) 시험 중 시험감독위원의 지시 없이 시험장을 이탈한 경우

    타) 시험장 물품을 시험감독위원의 허락 없이 반출한 경우

    파) 본인의 지참공구 외에 타인의 공구를 빌려서 사용한 경우

하) 지급된 재료 이외의 재료를 사용한 경우

거) 시험시간 내에 작품을 제출하지 못한 경우

너) 기본제어동작을 공기압 회로도와 기능이 상이한 기기로 구성하거나 기기를 누락하여 구성한 경우

더) 기본제어동작이 문제와 일치하지 않는 작품

[제2과제 수험자 유의사항]

자격종목	설비보전기사	과제명	전기유압회로 설계 및 구성작업

※ 다음의 유의사항을 고려하여 요구사항을 완성하시오.

1) 시험 시작 전 장비 이상 유무를 확인합니다.

2) 시험 중 반드시 시험감독위원의 지시에 따라야 하며, 시험시간 동안 시험감독위원의 지시가 없는 한 시험장을 임의로 이탈할 수 없습니다.

3) 시험에 필요한 기기 이외의 부품이나 장비에 임의로 접촉하지 않도록 주의하시기 바랍니다.

4) 유압 호스의 제거는 공급 압력을 차단한 후 실시하시기 바랍니다.

5) 전기 연결의 합선 시 즉시 전원공급장치의 전원을 차단하시기 바랍니다.

6) 액추에이터의 작동 부분에는 전선 및 호스가 접촉되지 않도록 주의하여야 합니다.

7) 수험자는 작업이 완료되면 시험감독위원의 확인을 받아야 하고, 시험감독위원의 지시에 따라 동작시킬 수 있어야 합니다. (단, 평가 시 전원이 유지된 상태에서 2회 이상 동작 시도하여 동일하게 정상 동작이 되어야 하며, 1회만 동작하고 2회 이상 시도 시 정상적으로 동작하지 않으면 인정하지 않습니다.)

8) 기본제어동작을 완성하고 반드시 시험감독위원의 평가를 받은 후 응용제어동작을 수행하여야 합니다.

9) 평가 종료 후 작업한 자리의 부품을 정리하여 모든 상태를 초기 상태로 정리하시기 바랍니다.

10) 다음 사항은 실격에 해당하여 채점 대상에서 제외됩니다

　가) 수험자 본인이 수험 도중 시험에 대한 포기의사를 표하는 경우

　나) 실기시험 과정 중 1개 과정이라도 불참한 경우

　다) 시설·장비의 조작 또는 재료의 취급이 미숙하여 위해를 일으킬 것으로 시험감독위원 전원이 합의하여 판단한 경우

　라) 시험감독위원의 지시에 불응한 경우

　마) 기본제어동작을 시험감독위원에게 확인받지 않고 다음 작업을 진행한 경우

　바) 설비보전기사 실기과제 중 한 과제라도 응시하지 않은 경우

　사) 설비보전기사 실기과제 "전기공기압회로 설계 및 구성작업, 전기유압회로 설계 및 구성작업" 중 하나라도 0점인 과제가 있는 경우

　아) 작업을 수험자가 직접 하지 않고 다른 사람으로부터 도움을 받아 작업을 할 경우

　자) 시험 중 타인과 대화를 하거나 다른 수험자의 작품을 고의적으로 모방하는 경우

　차) 시험 중 휴대폰을 사용하거나 인터넷 및 네트워크 환경을 이용할 경우

　카) 시험 중 시험감독위원의 지시 없이 시험장을 이탈한 경우

　타) 시험장 물품을 시험감독위원의 허락 없이 반출한 경우

　파) 본인의 지참공구 외에 타인의 공구를 빌려서 사용한 경우

하) 지급된 재료 이외의 재료를 사용한 경우

거) 시험시간 내에 작품을 제출하지 못한 경우

너) 기본제어동작을 유압 회로도와 기능이 상이한 기기로 구성하거나 기기를 누락하여 구성한 경우

더) 기본제어동작이 문제와 일치하지 않는 작품

[공개 01]

자격 종목	설비보전기사	과제명	전기공기압회로 설계 및 구성작업

※ 시험 시간: [제1과제] 1시간

1. 요구사항

※ 지급된 재료 및 시설을 사용하여 아래 작업을 완성하시오.

※ 작품을 제출한 후에는 재작업을 할 수 없음을 유의하여 작업하시오.

가. 공기압 기기 배치

1) 공기압 회로도와 같이 공기압 기기를 선정하여 고정판에 배치하시오. (단, 공기압 기기는 수평 또는 수직 방향으로 수험자가 임의로 배치하고, 리밋 스위치는 방향성을 고려하여 설치하시오.)

2) 공기압 호스를 적절한 길이로 절단 및 사용하여 기기를 연결하시오. (단, 공기압 호스가 시스템 동작에 영향을 주지 않도록 정리하시오.)

3) 작업 압력(서비스 유닛)을 0.5±0.05 MPa로 설정하시오.

4) 실린더A 동작은 유도형 센서나 용량형 센서를 사용하고, 실린더B 동작은 전기 리밋 스위치를 사용하여 구성하시오.

5) 작업이 완료된 상태에서 압축공기를 공급했을 때 공기 누설이 발생하지 않도록 하시오.

나. 공기압 회로 설계 및 구성

1) 주어진 전기회로도 중 오류 부분은 수험자가 정정하여 기본제어동작을 만족하도록 시스템을 구성하시오. (단, 릴레이의 개수가 증가되거나 감소되지 않도록 작업하시오.)

2) 응용제어동작을 만족하도록 시스템을 변경하시오.

3) 전기 배선은 전원의 극성에 따라 +24V는 적색, 0V는 청색(또는 흑색)의 리드선을 구별하여 사용하시오.

4) 작업이 완료된 상태에서 전원을 투입했을 때 쇼트가 발생하지 않도록 하시오.

5) 지정되지 않은 누름버튼 스위치는 자동복귀형 스위치를 사용하시오. (단, 비상정지 스위치 등 해제 동작이 필요한 스위치는 유지형 스위치를 사용할 수 있습니다.)

6) 모든 동작은 전원을 유지한 상태에서 재동작이 가능하도록 회로를 구성하시오.

다. 기본제어동작

1) 초기 상태에서 PB1 스위치를 ON-OFF 하면 다음 변위단계선도와 같이 동작합니다.

2) 변위-단계선도

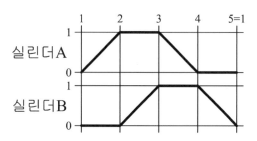

라. 응용제어동작

※ 기본제어동작을 다음 조건과 같이 변경하시오.

1) 기존 회로에 타이머를 사용하여 다음 변위단계선도와 같이 동작되도록 합니다.

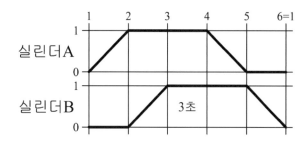

2) 현재의 PB1 스위치 외에 연속 시작 스위치와 정지 스위치 그리고 기타 부품을 사용하여 연속 사이클(반복 자동 행정) 회로를 구성하여 다음과 같이 동작되도록 합니다.

가) 연속 시작 스위치를 누르면 연속 사이클(반복 자동 행정)로 계속 동작합니다.

나) 정지 스위치를 누르면 연속 사이클(반복 자동 행정)의 어떤 위치에서도 그 사이클이 완료된 후 정지하여야 합니다. (단, 연속, 정지 스위치는 주어진 어떤 형식의 스위치를 사용하여도 가능합니다.)

3) 실린더 A의 전진 속도는 5초가 되도록 배기 교축(meter-out) 회로를 구성하여 조정하고 실린더 B의 전진 속도를 가능한 빠르게 하기 위하여 급속배기밸브를 사용합니다.

2. 공기압 회로도 및 전기 회로도

○ 공기압 회로도

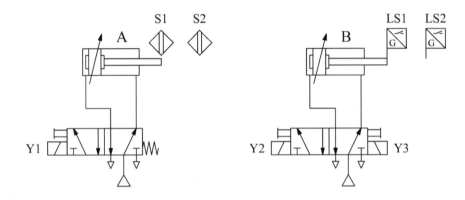

○ 전기 회로도

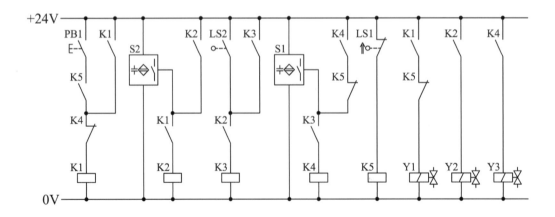

3. 전기공기압회로 설계 및 구성작업 풀이

가. 기본제어동작

○ 기본제어동작 분석

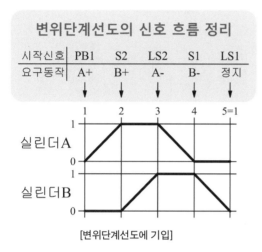

[변위단계선도에 기입]

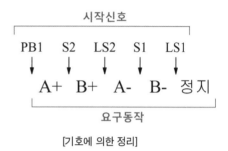

[기호에 의한 정리]

○ 전기회로도 오류 수정

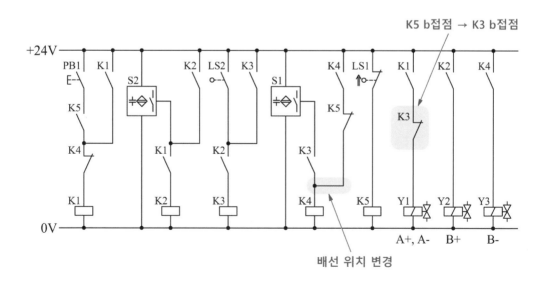

나. 응용제어동작

○ 공기압 회로도 변경

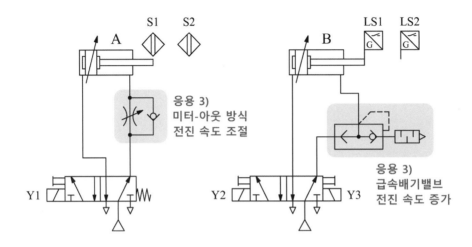

○ 전기 회로도 변경

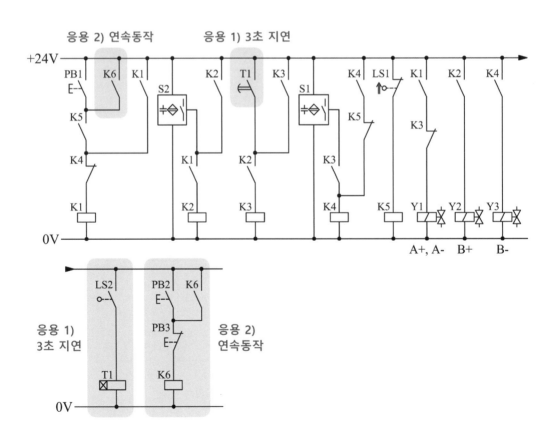

[공개 01]

자격 종목	설비보전기사	과제명	전기유압회로 설계 및 구성작업

※ 시험 시간: [제2과제] 1시간

1. 요구사항

※ 지급된 재료 및 시설을 사용하여 아래 작업을 완성하시오.

※ 작품을 제출한 후에는 재작업을 할 수 없음을 유의하여 작업하시오.

가. 유압 기기 배치

1) 유압 회로도와 같이 유압 기기를 선정하여 고정판에 배치하시오. (단, 유압 기기는 수평 또는 수직 방향으로 수험자가 임의로 배치하고, 리밋 스위치는 방향성을 고려하여 설치하시오.)

2) 유압 호스를 사용하여 기기를 연결하시오. (단, 유압 호스가 시스템 동작에 영향을 주지 않도록 정리하시오.)

3) 유압 공급압력은 4±0.2 MPa로 설정하시오.

4) 작업이 완료된 상태에서 유압을 공급했을 때 유압유의 누설이 발생하지 않도록 하시오.

나. 유압 회로 설계 및 구성

1) 주어진 전기 회로도 중 오류 부분은 수험자가 정정하여 기본제어동작을 만족하도록 시스템을 구성하시오. (단, 릴레이의 개수가 증가되거나 감소되지 않도록 작업하시오.)

2) 응용제어동작을 만족하도록 시스템을 변경하시오.

3) 전기 배선은 전원의 극성에 따라 +24V는 적색, 0V는 청색(또는 흑색)의 리드선을 구별하여 사용하시오.

4) 작업이 완료된 상태에서 전원을 투입했을 때 쇼트가 발생하지 않도록 하시오.

5) 지정되지 않은 누름버튼 스위치는 자동복귀형 스위치를 사용하시오. (단, 비상정지 스위치 등 해제 동작이 필요한 스위치는 유지형 스위치를 사용할 수 있습니다.)

6) 모든 동작은 전원을 유지한 상태에서 재동작이 가능하도록 회로를 구성하시오.

다. 기본제어동작

1) 초기 상태에서 PB1 스위치를 ON-OFF 하면 다음 변위단계선도와 같이 동작합니다.

2) 변위-단계선도

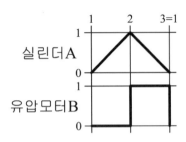

라. 응용제어동작

※ 기본제어동작을 다음 조건과 같이 변경하시오.

1) 누름버튼 스위치(PB2)(유지형 스위치 사용 가능)와 압력 스위치(PS) 및 기타 부품을 추가하여 다음과 같이 동작되도록 합니다.

  가) 누름버튼 스위치(PB2)를 한번 누르면 기본제어동작이 연속(반복 자동 행정)으로 동작합니다.

  나) 누름버튼 스위치(PB2)를 다시 누르면 모두 초기상태가 되어야 합니다.

  다) 실린더 A가 전진 완료 후 전진 측 공급압력이 3 MPa(30 kgf/cm²) 이상 되어야, 실린더 A가 후진되고 유압모터 B가 회전하도록 압력 스위치를 사용하여 회로를 구성합니다.

2) 실린더 A의 후진 속도가 7초가 되도록 meter-out 회로를 구성하여 속도를 조정합니다.

2. 유압 회로도 및 전기 회로도

○ 유압 회로도

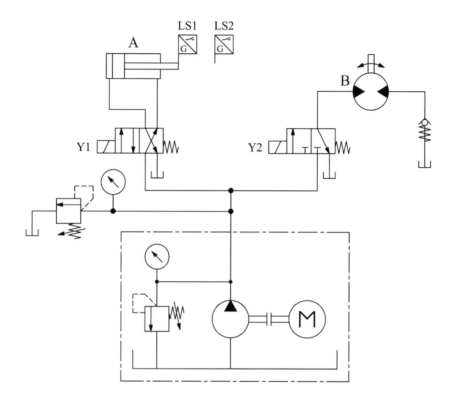

○ 전기 회로도

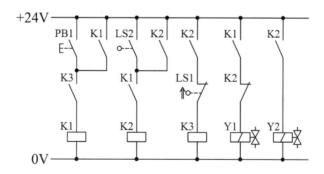

3. 전기유압회로 설계 및 구성작업 풀이

가. 기본제어동작

○ 기본제어동작 분석

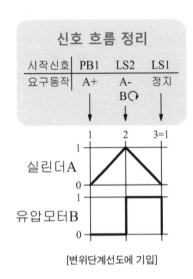

[변위단계선도에 기입]

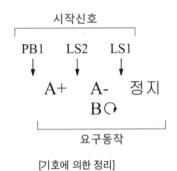

[기호에 의한 정리]

○ 전기회로도 오류 수정

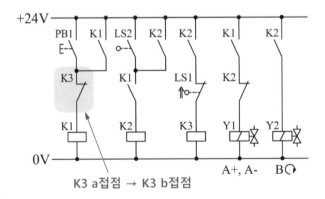

K3 a접점 → K3 b접점

나. 응용제어동작

○ 유압 회로도 변경

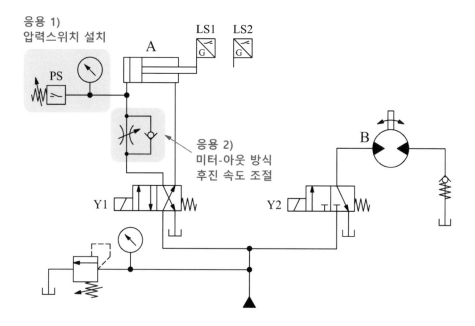

응용 1)
압력스위치 설치

LS1 LS2

A

PS

응용 2)
미터-아웃 방식
후진 속도 조절

B

Y1 Y2

○ 전기 회로도 변경

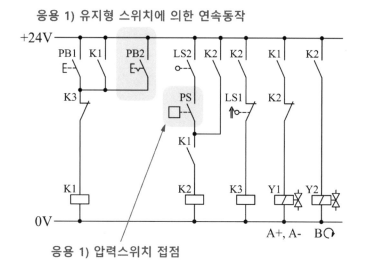

응용 1) 유지형 스위치에 의한 연속동작

+24V

PB1 K1 PB2 LS2 K2 K2 K1 K2

K3 PS LS1 K2

K1

K1 K2 K3 Y1 Y2

0V

A+, A- B

응용 1) 압력스위치 접점

[공개 02]

자격 종목	설비보전기사	과제명	전기공기압회로 설계 및 구성작업

※ 시험 시간: [제1과제] 1시간

1. 요구사항

※ 지급된 재료 및 시설을 사용하여 아래 작업을 완성하시오.

※ 작품을 제출한 후에는 재작업을 할 수 없음을 유의하여 작업하시오.

가. 공기압 기기 배치

1) 공기압 회로도와 같이 공기압 기기를 선정하여 고정판에 배치하시오. (단, 공기압 기기는 수평 또는 수직 방향으로 수험자가 임의로 배치하고, 리밋 스위치는 방향성을 고려하여 설치하시오.)

2) 공기압 호스를 적절한 길이로 절단 및 사용하여 기기를 연결하시오. (단, 공기압 호스가 시스템 동작에 영향을 주지 않도록 정리하시오.)

3) 작업압력(서비스 유닛)을 0.5±0.05 MPa로 설정하시오.

4) 실린더A 동작은 유도형 센서나 용량형 센서를 사용하고, 실린더B 동작은 전기 리밋 스위치를 사용하여 구성하시오.

5) 작업이 완료된 상태에서 압축공기를 공급했을 때 공기 누설이 발생하지 않도록 하시오.

나. 공기압 회로 설계 및 구성

1) 주어진 전기 회로도 중 오류 부분은 수험자가 정정하여 기본제어동작을 만족하도록 시스템을 구성하시오. (단, 릴레이의 개수가 증가되거나 감소되지 않도록 작업하시오.)

2) 응용제어동작을 만족하도록 시스템을 변경하시오.

3) 전기 배선은 전원의 극성에 따라 +24V는 적색, 0V는 청색(또는 흑색)의 리드선을 구별하여 사용하시오.

4) 작업이 완료된 상태에서 전원을 투입했을 때 쇼트가 발생하지 않도록 하시오.

5) 지정되지 않은 누름버튼 스위치는 자동복귀형 스위치를 사용하시오. (단, 비상정지 스위치 등 해제 동작이 필요한 스위치는 유지형 스위치를 사용할 수 있습니다.)

6) 모든 동작은 전원을 유지한 상태에서 재동작이 가능하도록 회로를 구성하시오.

다. 기본제어동작

1) 초기 상태에서 PB1 스위치를 ON-OFF 하면 다음 변위단계선도와 같이 동작합니다.

2) 변위-단계선도

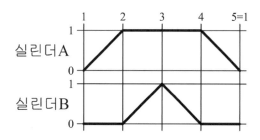

라. 응용제어동작

※ 기본제어동작을 다음 조건과 같이 변경하시오.

1) 기존 회로에 타이머를 사용하여 다음 변위단계선도와 같이 동작되도록 합니다.

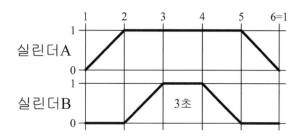

2) 실린더 A의 진진운동 속도와 실린더 B의 전진운동 속도를 모두 배기 교축(meter-out) 방법으로 조절할 수 있어야 합니다. 이때 실린더 A의 후진운동 속도는 급속배기밸브를 설치하여 가능한 빠른 속도로 작동하여야 합니다.

3) 초기 상태에서 PB1 스위치를 ON-OFF 하면 기본제어동작의 사이클을 연속으로 반복하여 작업할 수 있어야 하며, 사이클의 정지는 사이클을 3회 반복한 후 정지하여야 합니다. 시작 스위치(PB1)를 다시 ON-OFF 하면 스위치를 누르는 것만으로 같은 작업이 반복되어야 합니다. (단, 작업 중에는 이를 표시하는 램프가 점등될 수 있어야 합니다.)

2. 공기압 회로도 및 전기 회로도

○ 공기압 회로도

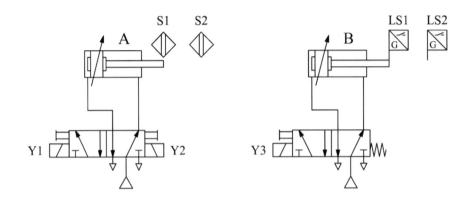

○ 전기 회로도

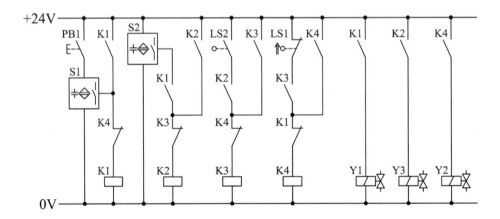

3. 전기공기압회로 설계 및 구성작업 풀이

가. 기본제어동작

○ 기본제어동작 분석

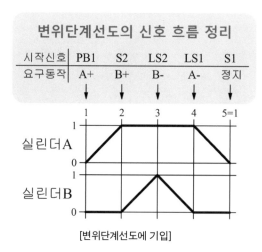

[변위단계선도에 기입]

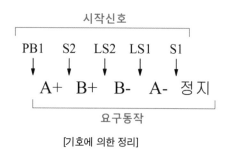

[기호에 의한 정리]

○ 전기회로도 오류 수정

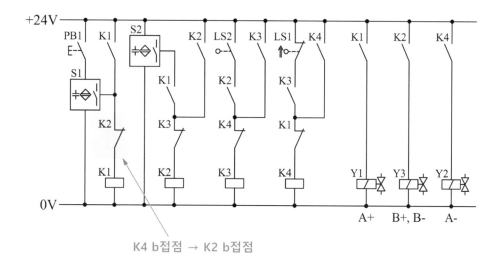

K4 b접점 → K2 b접점

나. 응용제어동작

○ 공기압 회로도 변경

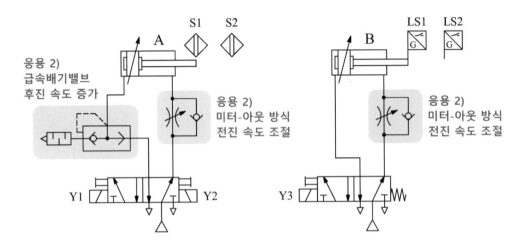

○ 전기 회로도 변경

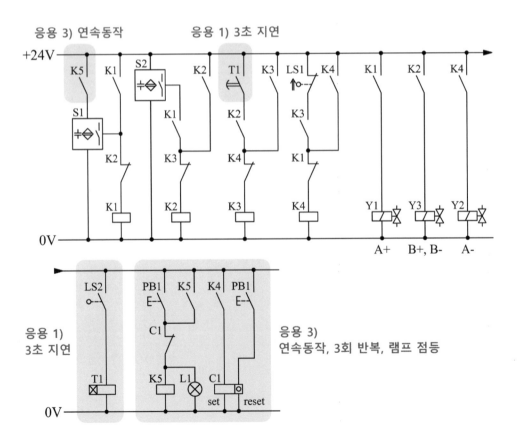

자격 종목	설비보전기사	과제명	전기유압회로 설계 및 구성작업

※ 시험 시간: [제2과제] 1시간

1. 요구사항

※ 지급된 재료 및 시설을 사용하여 아래 작업을 완성하시오.

※ 작품을 제출한 후에는 재작업을 할 수 없음을 유의하여 작업하시오.

가. 유압 기기 배치

1) 유압 회로도와 같이 유압 기기를 선정하여 고정판에 배치하시오. (단, 유압 기기는 수평 또는 수직 방향으로 수험자가 임의로 배치하고, 리밋 스위치는 방향성을 고려하여 설치하시오.)

2) 유압 호스를 사용하여 기기를 연결하시오. (단, 유압 호스가 시스템 동작에 영향을 주지 않도록 정리하시오.)

3) 유압 공급압력은 4±0.2 MPa로 설정하시오.

4) 작업이 완료된 상태에서 유압을 공급했을 때 유압유의 누설이 발생하지 않도록 하시오.

나. 유압 회로 설계 및 구성

1) 주어진 전기회로도 중 오류 부분은 수험자가 정정하여 기본제어동작을 만족하도록 시스템을 구성하시오. (단, 릴레이의 개수가 증가되거나 감소되지 않도록 작업하시오.)

2) 응용제어동작을 만족하도록 시스템을 변경하시오.

3) 전기 배선은 전원의 극성에 따라 +24V는 적색, 0V는 청색(또는 흑색)의 리드선을 구별하여 사용하시오.

4) 작업이 완료된 상태에서 전원을 투입했을 때 쇼트가 발생하지 않도록 하시오.

5) 지정되지 않은 누름버튼 스위치는 자동복귀형 스위치를 사용하시오. (단, 비상정지 스위치 등 해제 동작이 필요한 스위치는 유지형 스위치를 사용할 수 있습니다.)

6) 모든 동작은 전원을 유지한 상태에서 재동작이 가능하도록 회로를 구성하시오.

다. 기본제어동작

1) 초기 상태에서 PB1 스위치를 ON-OFF 하면 다음 변위단계선도와 같이 동작합니다.

2) 변위-단계선도

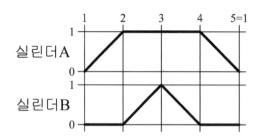

라. 응용제어동작

※ 기본제어동작을 다음 조건과 같이 변경하시오.

1) 누름버튼 스위치를 추가하여 다음과 같이 동작 합니다.

　가) 누름버튼 스위치(PB2)를 누르면 기본제어동작이 연속 동작하여야 합니다.

　나) 누름버튼 스위치(PB3)를 누르면 행정이 완료된 후 정지하여야 합니다.

2) 실린더 B측 압력라인(P)에 감압밸브를 설치하여 유압회로도를 변경하고, 감압밸브의 압력이 2 MPa(20 kgf/cm²)(오차 ±0.1 MPa)이 되도록 조정합니다.

2. 유압 회로도 및 전기 회로도

○ 유압 회로도

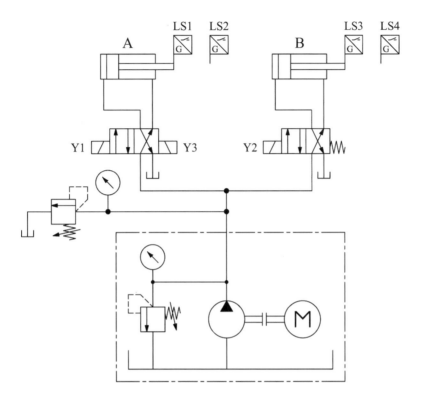

○ 전기 회로도

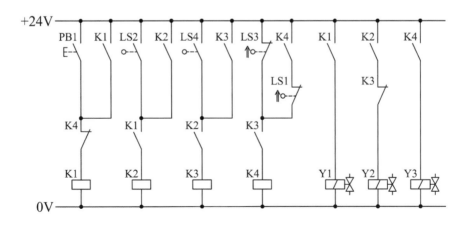

3. 전기유압회로 설계 및 구성작업 풀이

가. 기본제어동작

○ 기본제어동작 분석

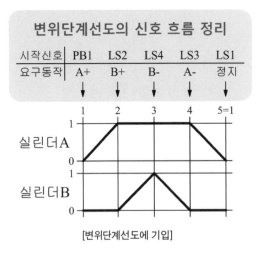

[변위단계선도에 기입]

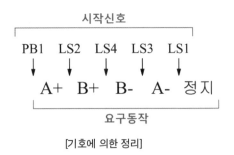

[기호에 의한 정리]

○ 전기회로도 오류 수정

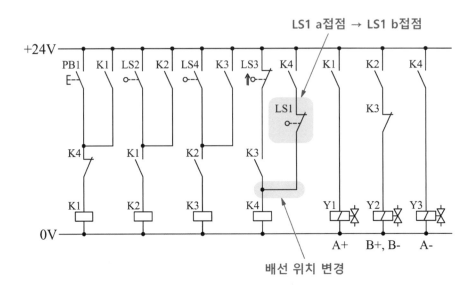

나. 응용제어동작

○ 유압 회로도 변경

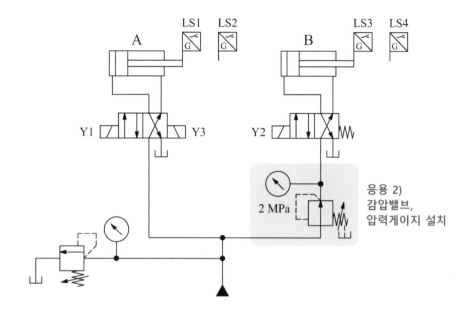

○ 전기 회로도 변경

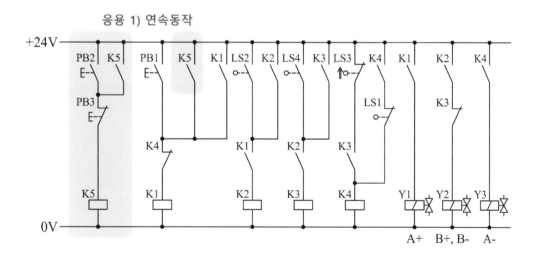

[공개 03]

자격 종목	설비보전기사	과제명	전기공기압회로 설계 및 구성작업

※ 시험 시간: [제1과제] 1시간

1. 요구사항

※ 지급된 재료 및 시설을 사용하여 아래 작업을 완성하시오.

※ 작품을 제출한 후에는 재작업을 할 수 없음을 유의하여 작업하시오.

가. 공기압 기기 배치

1) 공기압 회로도와 같이 공기압 기기를 선정하여 고정판에 배치하시오. (단, 공기압 기기는 수평 또는 수직 방향으로 수험자가 임의로 배치하고, 리밋 스위치는 방향성을 고려하여 설치하시오.)

2) 공기압 호스를 적절한 길이로 절단 및 사용하여 기기를 연결하시오. (단, 공기압 호스가 시스템 동작에 영향을 주지 않도록 정리하시오.)

3) 작업압력(서비스 유닛)을 0.5±0.05 MPa로 설정하시오.

4) 실린더A 동작은 유도형 센서나 용량형 센서를 사용하고, 실린더B 동작은 전기 리밋 스위치를 사용하여 구성하시오.

5) 작업이 완료된 상태에서 압축공기를 공급했을 때 공기 누설이 발생하지 않도록 하시오.

나. 공기압 회로 설계 및 구성

1) 주어진 전기회로도 중 오류 부분은 수험자가 정정하여 기본제어동작을 만족하도록 시스템을 구성하시오. (단, 릴레이의 개수가 증가되거나 감소되지 않도록 작업하시오.)

2) 응용제어동작을 만족하도록 시스템을 변경하시오.

3) 전기 배선은 전원의 극성에 따라 +24V는 적색, 0V는 청색(또는 흑색)의 리드선을 구별하여 사용하시오.

4) 작업이 완료된 상태에서 전원을 투입했을 때 쇼트가 발생하지 않도록 하시오.

5) 지정되지 않은 누름버튼 스위치는 자동복귀형 스위치를 사용하시오. (단, 비상정지 스위치 등 해제 동작이 필요한 스위치는 유지형 스위치를 사용할 수 있습니다.)

6) 모든 동작은 전원을 유지한 상태에서 재동작이 가능하도록 회로를 구성하시오.

다. 기본제어동작

1) 초기 상태에서 PB1 스위치를 ON-OFF 하면 다음 변위단계선도와 같이 동작합니다.

2) 변위-단계선도

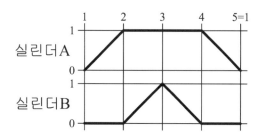

라. 응용제어동작

※ 기본제어동작을 다음 조건과 같이 변경하시오.

1) 기존 회로에 타이머를 사용하여 다음과 같이 동작되도록 합니다.

  가) 실린더 B가 전진 완료 후 3초 후에 후진하고 실린더 B가 후진 완료 후 실린더 A가 후진 완료하고 정지합니다.

2) 기존의 시작 스위치(PB1) 외에 연속 시작 스위치(PB2)와 카운터를 사용하여 연속 사이클 회로(반드시 회로를 구성하고 잠금장치 스위치는 사용불가)를 구성하여 다음과 같이 동작 되도록 합니다.

  가) 연속 시작 스위치를 누르면 연속 사이클로 계속 동작 합니다.

  나) 연속 사이클 횟수를 5회로 설정하고 그 사이클이 완료된 후 정지하여야 합니다.

3) 실린더 A, B의 전진 속도는 5초가 되도록 배기교축(meter-out) 회로를 구성하고, 실린더 A 의 후진 속도를 조절하기 위한 meter-out 회로를 구성하여 조정합니다.

2. 공기압 회로도 및 전기 회로도

○ 공기압 회로도

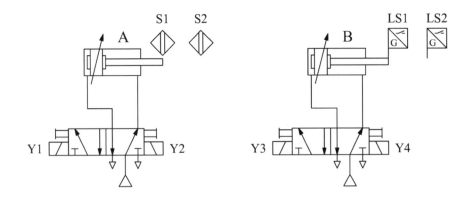

○ 전기 회로도

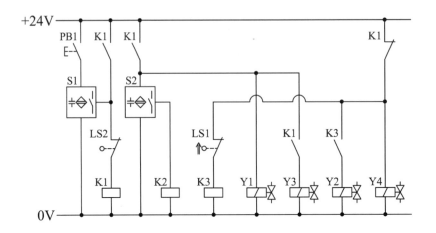

3. 전기공기압회로 설계 및 구성작업 풀이

가. 기본제어동작

○ 기본제어동작 분석

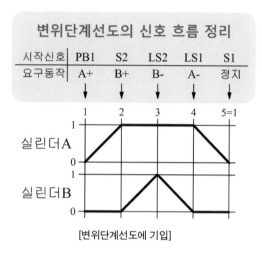

[변위단계선도에 기입]

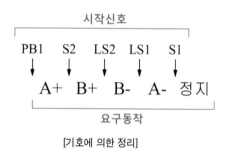

[기호에 의한 정리]

○ 전기회로도 오류 수정

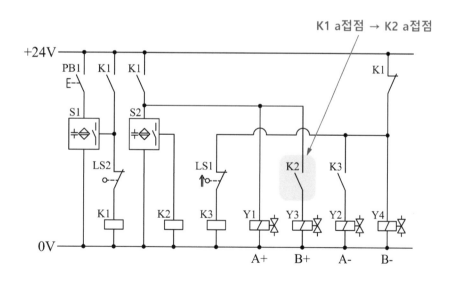

K1 a접점 → K2 a접점

나. 응용제어동작

○ 공기압 회로도 변경

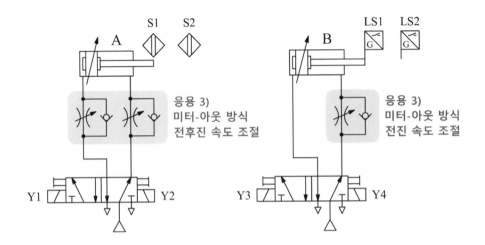

○ 전기 회로도 변경

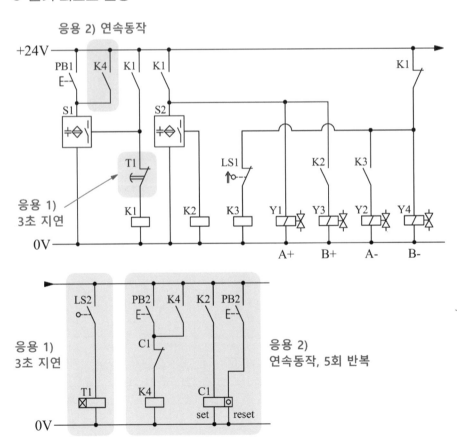

[공개 03]

자격 종목	설비보전기사	과제명	전기유압회로 설계 및 구성작업

※ 시험 시간: [제2과제] 1시간

1. 요구사항

※ 지급된 재료 및 시설을 사용하여 아래 작업을 완성하시오.

※ 작품을 제출한 후에는 재작업을 할 수 없음을 유의하여 작업하시오.

가. 유압 기기 배치

1) 유압 회로도와 같이 유압 기기를 선정하여 고정판에 배치하시오. (단, 유압 기기는 수평 또는 수직 방향으로 수험자가 임의로 배치하고, 리밋 스위치는 방향성을 고려하여 설치하시오.)

2) 유압 호스를 사용하여 기기를 연결하시오. (단, 유압 호스가 시스템 동작에 영향을 주지 않도록 정리하시오.)

3) 유압 공급압력은 4±0.2 MPa로 설정하시오.

4) 작업이 완료된 상태에서 유압을 공급했을 때 유압유의 누설이 발생하지 않도록 하시오.

나. 유압 회로 설계 및 구성

1) 주어진 전기회로도 중 오류 부분은 수험자가 정정하여 기본제어동작을 만족하도록 시스템을 구성하시오. (단, 릴레이의 개수가 증가되거나 감소되지 않도록 작업하시오.)

2) 응용제어동작을 만족하도록 시스템을 변경하시오.

3) 전기 배선은 전원의 극성에 따라 +24V는 적색, 0V는 청색(또는 흑색)의 리드선을 구별하여 사용하시오.

4) 작업이 완료된 상태에서 전원을 투입했을 때 쇼트가 발생하지 않도록 하시오.

5) 지정되지 않은 누름버튼 스위치는 자동복귀형 스위치를 사용하시오. (단, 비상정지 스위치 등 해제 동작이 필요한 스위치는 유지형 스위치를 사용할 수 있습니다.)

6) 모든 동작은 전원을 유지한 상태에서 재동작이 가능하도록 회로를 구성하시오.

다. 기본제어동작

1) 초기 상태에서 시작 스위치(PB1)를 ON-OFF 하면 다음 변위단계선도의 동작이 연속 사이클로 계속 동작되어야 합니다. (단, 정회전은 축 방향에서 볼 때 시계 방향, 역회전은 반시계 방향이다.)

2) 정지 스위치(PB2)를 ON-OFF 하면 연속동작을 멈추고 초기 상태로 되어야 합니다.

3) 변위-단계선도

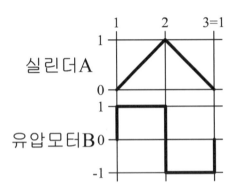

라. 응용제어동작

※ 기본제어동작을 다음 조건과 같이 변경하시오.

1) 기본 회로에 타이머릴레이 및 기타 부품을 추가하여 다음과 같이 동작되도록 합니다.

　가) 시작 스위치(PB1)를 ON-OFF 하여 기본제어동작을 실행시킵니다.

　나) 실린더 A 전진 완료 5초 후 실린더 A가 후진합니다. (단, 실린더 전·후진 시 모터는 기본제어동작과 같이 동작합니다.)

2) 유압모터 B의 정지 시 발생되는 서지압력을 방지하기 위하여 작업라인에 압력릴리프밸브 및 체크밸브를 설치하여 서지압 방지회로를 구성합니다.

　가) 설치된 릴리프밸브의 압력은 2 MPa(20 kgf/cm²)로 설정합니다.

2. 유압 회로도 및 전기 회로도

○ 유압 회로도

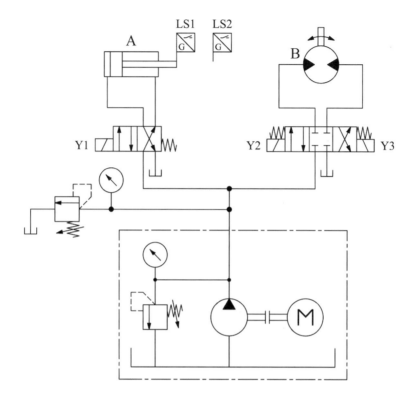

○ 전기 회로도

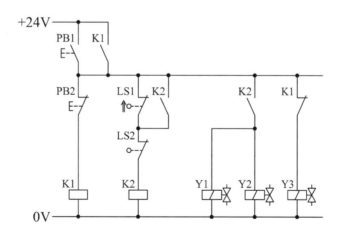

3. 전기유압회로 설계 및 구성작업 풀이

가. 기본제어동작

○ 기본제어동작 분석

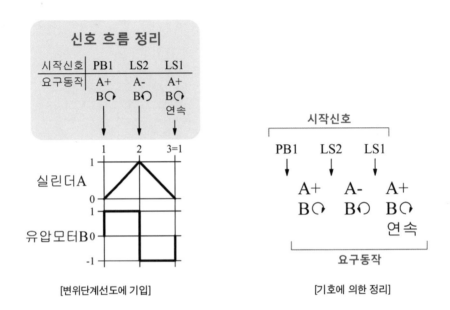

[변위단계선도에 기입]　　　　[기호에 의한 정리]

○ 전기회로도 오류 수정

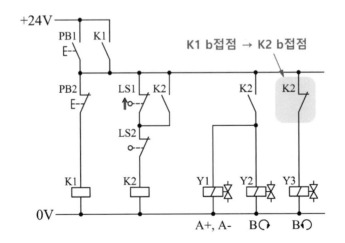

나. 응용제어동작

○ 유압 회로도 변경

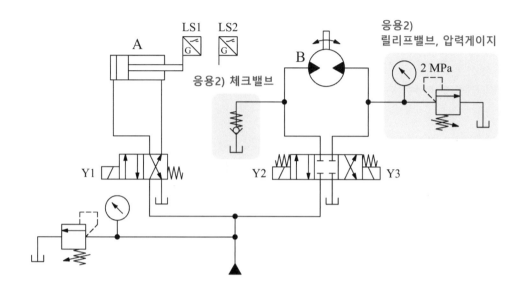

○ 전기 회로도 변경

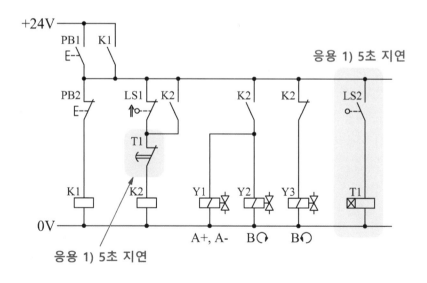

자격 종목	설비보전기사	과제명	전기공기압회로 설계 및 구성작업

※ 시험 시간: [제1과제] 1시간

1. 요구사항

※ 지급된 재료 및 시설을 사용하여 아래 작업을 완성하시오.

※ 작품을 제출한 후에는 재작업을 할 수 없음을 유의하여 작업하시오.

가. 공기압 기기 배치

1) 공기압 회로도와 같이 공기압 기기를 선정하여 고정판에 배치하시오. (단, 공기압 기기는 수평 또는 수직 방향으로 수험자가 임의로 배치하고, 리밋 스위치는 방향성을 고려하여 설치하시오.)

2) 공기압 호스를 적절한 길이로 절단 및 사용하여 기기를 연결하시오. (단, 공기압 호스가 시스템 동작에 영향을 주지 않도록 정리하시오.)

3) 작업압력(서비스 유닛)을 0.5±0.05 MPa로 설정하시오.

4) 실린더A 동작은 유도형 센서나 용량형 센서를 사용하고, 실린더B 동작은 전기 리밋 스위치를 사용하여 구성하시오.

5) 작업이 완료된 상태에서 압축공기를 공급했을 때 공기 누설이 발생하지 않도록 하시오.

나. 공기압 회로 설계 및 구성

1) 주어진 전기회로도 중 오류 부분은 수험자가 정정하여 기본제어동작을 만족하도록 시스템을 구성하시오. (단, 릴레이의 개수가 증가되거나 감소되지 않도록 작업하시오.)

2) 응용제어동작을 만족하도록 시스템을 변경하시오.

3) 전기 배선은 전원의 극성에 따라 +24V는 적색, 0V는 청색(또는 흑색)의 리드선을 구별하여 사용하시오.

4) 작업이 완료된 상태에서 전원을 투입했을 때 쇼트가 발생하지 않도록 하시오.

5) 지정되지 않은 누름버튼 스위치는 자동복귀형 스위치를 사용하시오. (단, 비상정지 스위치 등 해제 동작이 필요한 스위치는 유지형 스위치를 사용할 수 있습니다.)

6) 모든 동작은 전원을 유지한 상태에서 재동작이 가능하도록 회로를 구성하시오.

다. 기본제어동작

1) 초기 상태에서 시작 스위치(PB1)를 ON-OFF 하면 다음 변위단계선도와 같이 동작을 연속적으로 반복합니다.

2) 정지 스위치(PB2)를 ON-OFF 하면 진행 중인 사이클을 종료한 후 정지합니다.

3) 변위-단계선도

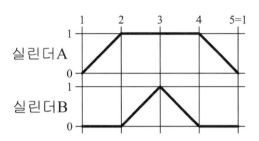

라. 응용제어동작

※ 기본제어동작을 다음 조건과 같이 변경하시오.

1) 비상 스위치를 누르면 다음과 같이 동작합니다.

　가) 실린더 A가 전진 동작 완료 후 실린더 B가 후진합니다. (단, 실린더 A가 후진 완료 상태이거나 후진 중이면, 실린더 A가 전진 완료 후 실린더 B가 후진하여야 하며, 실린더 A가 전진 상태이면, 실린더는 B는 후진합니다.)

　나) 램프가 점등되어야 합니다.

2) 비상 스위치를 해제하면 다음과 같이 동작합니다.

　가) 실린더 A가 후진한다.

　나) 램프가 소등되이야 합니다.

3) 실린더 A의 전진 속도는 2초, 실린더 B의 후진 속도는 3초가 되도록 배기교축(meter-out) 방법에 의해 조정합니다.

2. 공기압 회로도 및 전기 회로도

○ 공기압 회로도

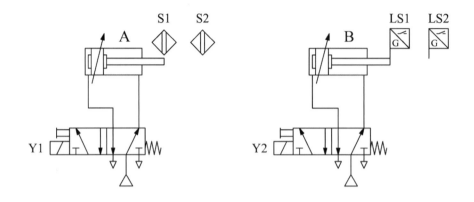

○ 전기 회로도

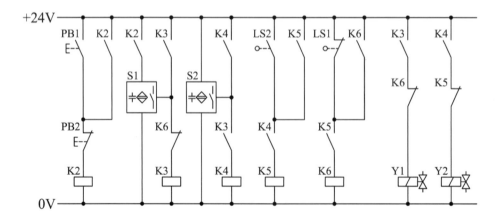

3. 전기공기압회로 설계 및 구성작업 풀이

가. 기본제어동작

○ 기본제어동작 분석

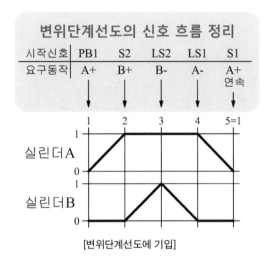

[변위단계선도에 기입]

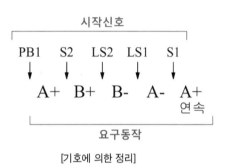

[기호에 의한 정리]

○ 전기회로도 오류 수정

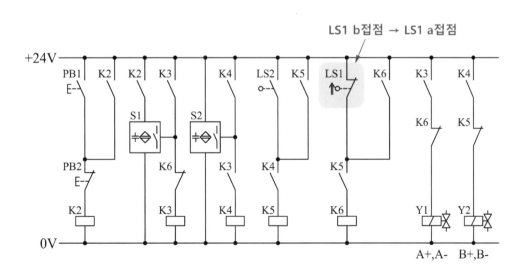

나. 응용제어동작

○ 공기압 회로도 변경

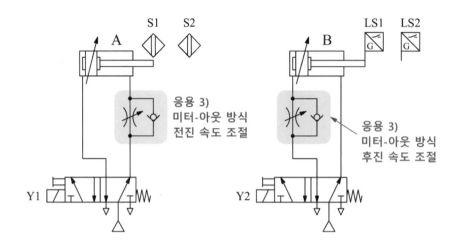

○ 전기 회로도 변경

응용 1) 실린더 A 전진

응용 1)
비상정지, 램프점등

응용 1)

[공개 04]

자격 종목	설비보전기사	과제명	전기유압회로 설계 및 구성작업

※ 시험 시간: [제2과제] 1시간

1. 요구사항

※ 지급된 재료 및 시설을 사용하여 아래 작업을 완성하시오.

※ 작품을 제출한 후에는 재작업을 할 수 없음을 유의하여 작업하시오.

가. 유압 기기 배치

1) 유압 회로도와 같이 유압 기기를 선정하여 고정판에 배치하시오. (단, 유압 기기는 수평 또는 수직 방향으로 수험자가 임의로 배치하고, 리밋 스위치는 방향성을 고려하여 설치하시오.)

2) 유압 호스를 사용하여 기기를 연결하시오. (단, 유압 호스가 시스템 동작에 영향을 주지 않도록 정리하시오.)

3) 유압 공급압력은 4±0.2 MPa로 설정하시오.

4) 작업이 완료된 상태에서 유압을 공급했을 때 유압유의 누설이 발생하지 않도록 하시오.

나. 유압 회로 설계 및 구성

1) 주어진 전기회로도 중 오류 부분은 수험자가 정정하여 기본제어동작을 만족하도록 시스템을 구성하시오. (단, 릴레이의 개수가 증가되거나 감소되지 않도록 작업하시오.)

2) 응용제어동작을 만족하도록 시스템을 변경하시오.

3) 전기 배선은 전원의 극성에 따라 +24V는 적색, 0V는 청색(또는 흑색)의 리드선을 구별하여 사용하시오.

4) 작업이 완료된 상태에서 전원을 투입했을 때 쇼트가 발생하지 않도록 하시오.

5) 지정되지 않은 누름버튼 스위치는 자동복귀형 스위치를 사용하시오. (단, 비상정지 스위치 등 해제 동작이 필요한 스위치는 유지형 스위치를 사용할 수 있습니다.)

6) 모든 동작은 전원을 유지한 상태에서 재동작이 가능하도록 회로를 구성하시오.

다. 기본제어동작

1) 초기 상태에서 시작 스위치(PB1)를 ON-OFF 하면 다음 변위단계선도와 같이 동작합니다.

2) 변위-단계선도

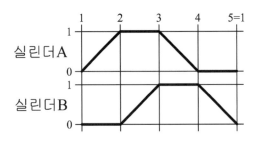

라. 응용제어동작

※ 기본제어동작을 다음 조건과 같이 변경하시오.

1) 누름버튼 스위치를 추가하여 다음과 같이 동작합니다.

　가) 연속동작 스위치(PB2)를 1회 ON-OFF 하면 기본제어동작이 연속 동작하여야 합니다.

　나) 정지 스위치(PB3)를 1회 ON-OFF 하면 해당 행정이 완료된 후 정지하여야 합니다.

2) 실린더 B의 로드측이 하중에 의하여 종속된 상태로 낙하하지 않도록 카운터밸런스밸브를 부착하고, 카운터밸런스밸브의 압력은 3 MPa(30 kgf/cm²)로 설정하고, 압력계를 설치하여 확인합니다.

2. 유압 회로도 및 전기 회로도

○ 유압 회로도

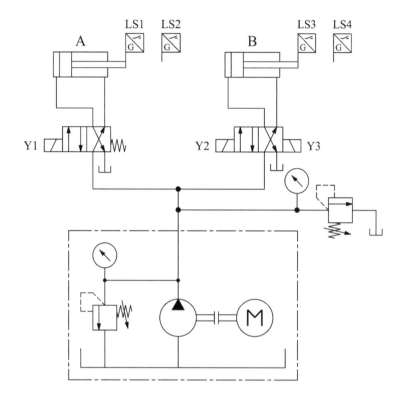

○ 전기 회로도

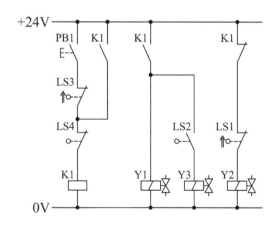

3. 전기유압회로 설계 및 구성작업 풀이

가. 기본제어동작

○ 기본제어동작 분석

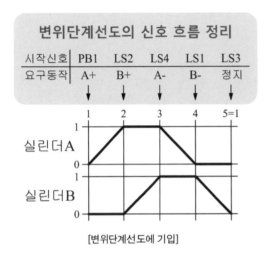

[변위단계선도에 기입]

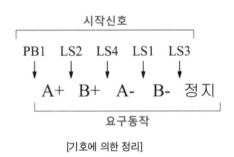

[기호에 의한 정리]

○ 전기회로도 오류 수정

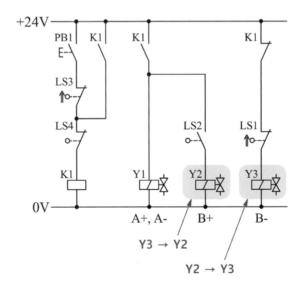

나. 응용제어동작

○ 유압 회로도 변경

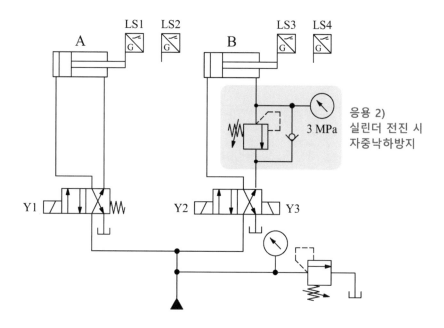

응용 2)
실린더 전진 시
자중낙하방지

3 MPa

○ 전기 회로도 변경

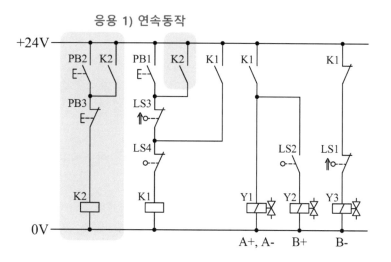

응용 1) 연속동작

[공개 05]

자격 종목	설비보전기사	과제명	전기공기압회로 설계 및 구성작업

※ 시험 시간: [제1과제] 1시간

1. 요구사항

※ 지급된 재료 및 시설을 사용하여 아래 작업을 완성하시오.

※ 작품을 제출한 후에는 재작업을 할 수 없음을 유의하여 작업하시오.

가. 공기압 기기 배치

1) 공기압 회로도와 같이 공기압 기기를 선정하여 고정판에 배치하시오. (단, 공기압 기기는 수평 또는 수직 방향으로 수험자가 임의로 배치하고, 리밋 스위치는 방향성을 고려하여 설치하시오.)

2) 공기압 호스를 적절한 길이로 절단 및 사용하여 기기를 연결하시오. (단, 공기압 호스가 시스템 동작에 영향을 주지 않도록 정리하시오.)

3) 작업압력(서비스 유닛)을 0.5±0.05 MPa로 설정하시오.

4) 실린더A 동작은 유도형 센서나 용량형 센서를 사용하고, 실린더B 동작은 전기 리밋 스위치를 사용하여 구성하시오.

5) 작업이 완료된 상태에서 압축공기를 공급했을 때 공기 누설이 발생하지 않도록 하시오.5) 작업이 완료된 상태에서 압축공기를 공급했을 때 공기 누설이 발생하지 않도록 하시오.

나. 공기압 회로 설계 및 구성

1) 주어진 전기회로도 중 오류 부분은 수험자가 정정하여 기본제어동작을 만족하도록 시스템을 구성하시오. (단, 릴레이의 개수가 증가되거나 감소되지 않도록 작업하시오.)

2) 응용제어동작을 만족하도록 시스템을 변경하시오.

3) 전기 배선은 전원의 극성에 따라 +24V는 적색, 0V는 청색(또는 흑색)의 리드선을 구별하여 사용하시오.

4) 작업이 완료된 상태에서 전원을 투입했을 때 쇼트가 발생하지 않도록 하시오.

5) 지정되지 않은 누름버튼 스위치는 자동복귀형 스위치를 사용하시오. (단, 비상정지 스위치 등 해제 동작이 필요한 스위치는 유지형 스위치를 사용할 수 있습니다.)

6) 모든 동작은 전원을 유지한 상태에서 재동작이 가능하도록 회로를 구성하시오.

다. 기본제어동작

1) 초기 상태에서 PB2 스위치를 ON-OFF 한 후 PB1 스위치를 ON-OFF 하면 다음 변위단계선도와 같이 동작합니다. (단, 재동작 시에는 PB1 스위치만 ON-OFF 하여 동작이 가능하도록 하시오.)

2) 변위-단계선도

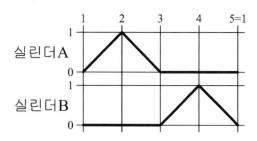

라. 응용제어동작

※ 기본제어동작을 다음 조건과 같이 변경하시오.

1) 연속 스위치를 추가하여 다음과 같이 동작하도록 합니다.

　가) 연속 스위치를 선택하면 기본제어동작이 연속 행정으로 되어야 합니다.

2) 비상 스위치와 램프를 추가하여 다음과 같이 동작하도록 합니다.

　가) 연속 작업에서 비상 스위치가 동작되면 모든 실린더는 후진하며 램프가 점등되어야 합니다.

　나) 비상 스위치를 해제하면 램프가 소등되고 시스템은 초기화되어야 합니다.

3) 실린더 A의 전·후진 속도와 실린더 B의 전 · 후진 속도가 같도록 배기교축(meter-out) 방법에 의해 조정합니다.

2. 공기압 회로도 및 전기 회로도

○ 공기압 회로도

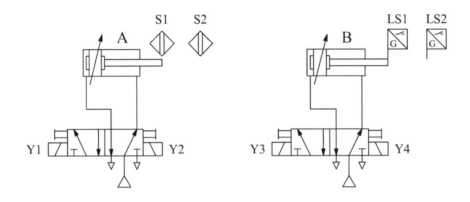

○ 전기 회로도

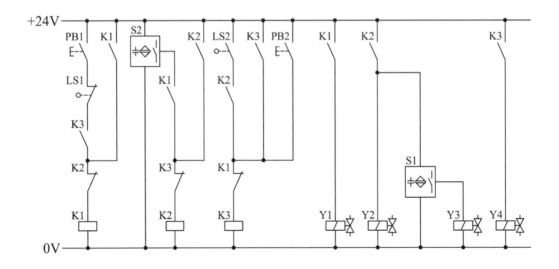

3. 전기공기압회로 설계 및 구성작업 풀이

가. 기본제어동작

○ 기본제어동작 분석

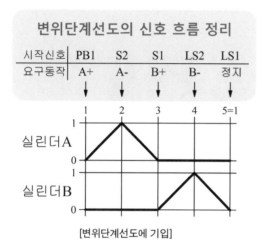

[변위단계선도에 기입]

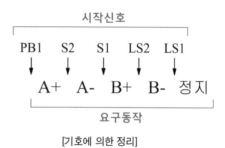

[기호에 의한 정리]

○ 전기회로도 오류 수정

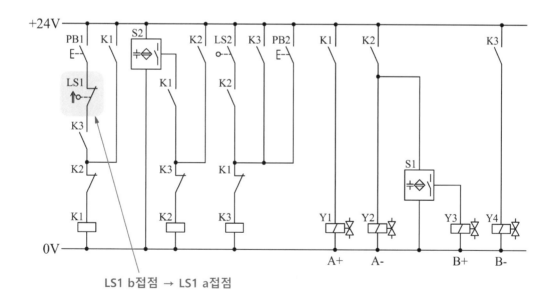

LS1 b접점 → LS1 a접점

나. 응용제어동작

○ 공기압 회로도 변경

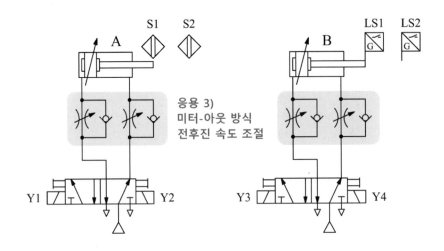

응용 3)
미터-아웃 방식
전후진 속도 조절

○ 전기 회로도 변경

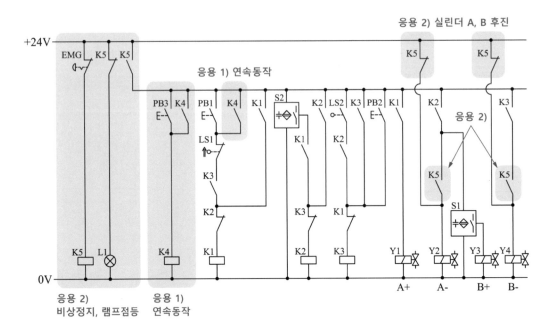

자격 종목	설비보전기사	과제명	전기유압회로 설계 및 구성작업

※ 시험 시간: [제2과제] 1시간

1. 요구사항

※ 지급된 재료 및 시설을 사용하여 아래 작업을 완성하시오.

※ 작품을 제출한 후에는 재작업을 할 수 없음을 유의하여 작업하시오.

가. 유압 기기 배치

1) 유압 회로도와 같이 유압 기기를 선정하여 고정판에 배치하시오. (단, 유압 기기는 수평 또는 수직 방향으로 수험자가 임의로 배치하고, 리밋 스위치는 방향성을 고려하여 설치하시오.)

2) 유압 호스를 사용하여 기기를 연결하시오. (단, 유압 호스가 시스템 동작에 영향을 주지 않도록 정리하시오.)

3) 유압 공급압력은 4±0.2 MPa로 설정하시오.

4) 작업이 완료된 상태에서 유압을 공급했을 때 유압유의 누설이 발생하지 않도록 하시오.

나. 유압 회로 설계 및 구성

1) 주어진 전기회로도 중 오류 부분은 수험자가 정정하여 기본제어동작을 만족하도록 시스템을 구성하시오. (단, 릴레이의 개수가 증가되거나 감소되지 않도록 작업하시오.)

2) 응용제어동작을 만족하도록 시스템을 변경하시오.

3) 전기 배선은 전원의 극성에 따라 +24V는 적색, 0V는 청색(또는 흑색)의 리드선을 구별하여 사용하시오.

4) 작업이 완료된 상태에서 전원을 투입했을 때 쇼트가 발생하지 않도록 하시오.

5) 지정되지 않은 누름버튼 스위치는 자동복귀형 스위치를 사용하시오. (단, 비상정지 스위치 등 해제 동작이 필요한 스위치는 유지형 스위치를 사용할 수 있습니다.)

6) 모든 동작은 전원을 유지한 상태에서 재동작이 가능하도록 회로를 구성하시오.

다. 기본제어동작

1) 초기 상태에서 시작 스위치(PB1)를 ON-OFF 하면 다음 변위단계선도와 같이 동작합니다.

2) 변위-단계선도

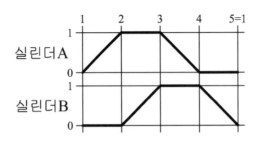

라. 응용제어동작

※ 기본제어동작을 다음 조건과 같이 변경하시오.

1) 비상정지 스위치(유지형 스위치 가능) 및 기타 부품을 추가하여 다음과 같이 동작되도록 합니다.

　가) 기본제어동작 상태에서 비상정지 스위치(PB2)를 한번 누르면(ON) 동작이 즉시 정지되어야 합니다.

　나) 비상정지 스위치(PB2)를 해제하면 초기 상태로 복귀하여 시작 스위치(PB1)를 ON-OFF 하면 기본제어동작이 되어야 합니다.

　다) 비상정지 스위치가 동작 중일 때는 작업자가 알 수 있도록 램프가 점등되어야 합니다.

2) 실린더 A와 실린더 B의 전진 속도를 meter-in 방법에 의해 조정할 수 있게 유압 회로도를 변경·조정합니다.

2. 유압 회로도 및 전기 회로도

○ 유압 회로도

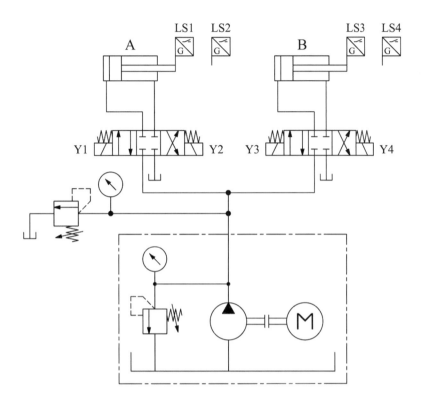

○ 전기 회로도

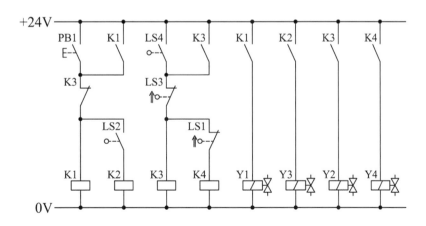

3. 전기유압회로 설계 및 구성작업 풀이

가. 기본제어동작

○ 기본제어동작 분석

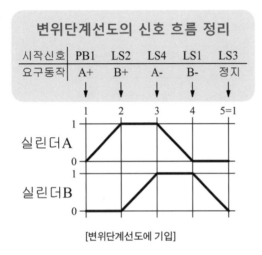

[변위단계선도에 기입]

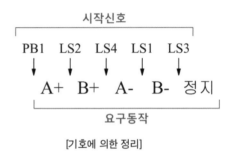

[기호에 의한 정리]

○ 전기회로도 오류 수정

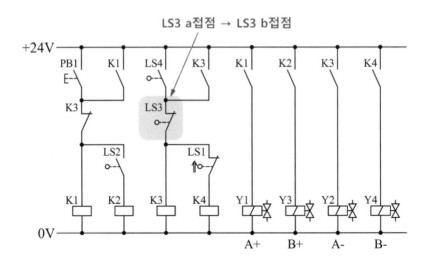

나. 응용제어동작

○ 유압 회로도 변경

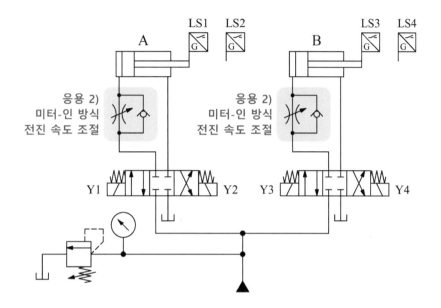

○ 전기 회로도 변경

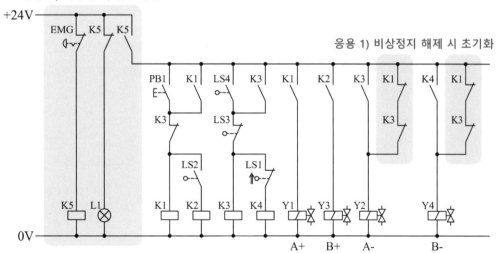

[공개 06]

자격 종목	설비보전기사	과제명	전기공기압회로 설계 및 구성작업

※ 시험 시간: [제1과제] 1시간

1. 요구사항

※ 지급된 재료 및 시설을 사용하여 아래 작업을 완성하시오.

※ 작품을 제출한 후에는 재작업을 할 수 없음을 유의하여 작업하시오.

가. 공기압 기기 배치

1) 공기압 회로도와 같이 공기압 기기를 선정하여 고정판에 배치하시오. (단, 공기압 기기는 수평 또는 수직 방향으로 수험자가 임의로 배치하고, 리밋 스위치는 방향성을 고려하여 설치하시오.)

2) 공기압 호스를 적절한 길이로 절단 및 사용하여 기기를 연결하시오. (단, 공기압 호스가 시스템 동작에 영향을 주지 않도록 정리하시오.)

3) 작업압력(서비스 유닛)을 0.5±0.05 MPa로 설정하시오.

4) 실린더A 동작은 유도형 센서나 용량형 센서를 사용하고, 실린더B 동작은 전기 리밋 스위치를 사용하여 구성하시오.

5) 작업이 완료된 상태에서 압축공기를 공급했을 때 공기 누설이 발생하지 않도록 하시오.

나. 공기압 회로 설계 및 구성

1) 주어진 전기회로도 중 오류 부분은 수험자가 정정하여 기본제어동작을 만족하도록 시스템을 구성하시오. (단, 릴레이의 개수가 증가되거나 감소되지 않도록 작업하시오.)

2) 응용제어동작을 만족하도록 시스템을 변경하시오.

3) 전기 배선은 전원의 극성에 따라 +24V는 적색, 0V는 청색(또는 흑색)의 리드선을 구별하여 사용하시오.

4) 작업이 완료된 상태에서 전원을 투입했을 때 쇼트가 발생하지 않도록 하시오.

5) 지정되지 않은 누름버튼 스위치는 자동복귀형 스위치를 사용하시오. (단, 비상정지 스위치 등 해제 동작이 필요한 스위치는 유지형 스위치를 사용할 수 있습니다.)

6) 모든 동작은 전원을 유지한 상태에서 재동작이 가능하도록 회로를 구성하시오.

다. 기본제어동작

1) 초기 상태에서 PB1 스위치를 ON-OFF 하면 다음 변위단계선도와 같이 동작합니다.

2) 변위-단계선도

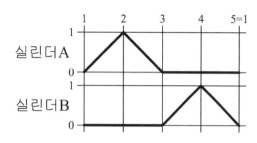

라. 응용제어동작

※ 기본제어동작을 다음 조건과 같이 변경하시오.

1) 기본제어동작이 5회 연속으로 이루어진 후 정지하도록 카운터를 제어합니다.

　가) 5회 연속 사이클 완료한 후 리셋 스위치(PB2)를 ON-OFF 하여야 재작업이 이루어지도록 합니다.

2) 비상 스위치(푸쉬버튼 잠금형)를 추가하여 다음과 같이 동작이 되도록 합니다.

　가) 실린더 A, B가 전진 및 후진 동작을 하더라도 비상정지 신호가 있을 때에는 모두 후진을 완료한 후 정지합니다.

　나) 비상 스위치를 해제하면 시스템은 초기화되어야 합니다.

3) 실린더 A, B에 일방향 유량제어밸브를 미터아웃 속도 제어로 추가 설치하여 실린더 A의 전진 속도는 2초, 실린더 B의 후진 속도는 3초가 소요되도록 조정합니다.

2. 공기압 회로도 및 전기 회로도

○ 공기압 회로도

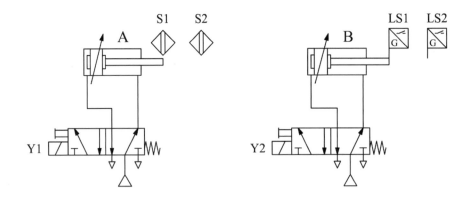

○ 전기 회로도

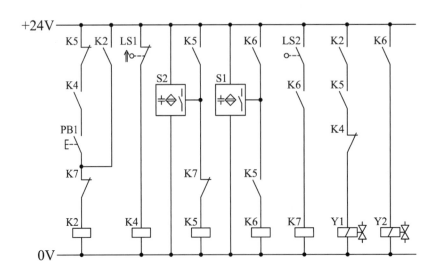

3. 전기공기압회로 설계 및 구성작업 풀이

가. 기본제어동작

○ 기본제어동작 분석

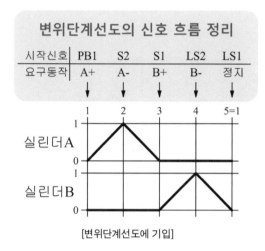

[변위단계선도에 기입]

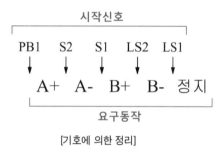

[기호에 의한 정리]

○ 전기회로도 오류 수정

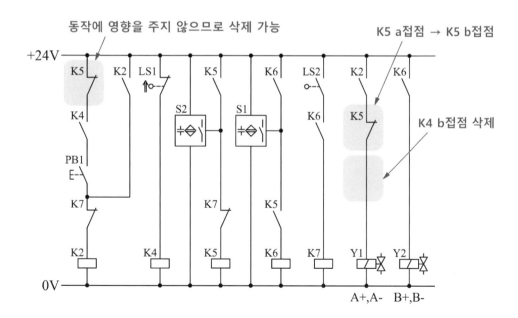

나. 응용제어동작

○ 공기압 회로도 변경

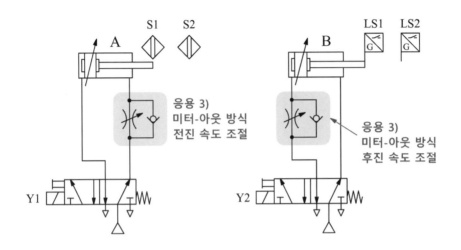

○ 전기 회로도 변경

응용 2) 비상정지

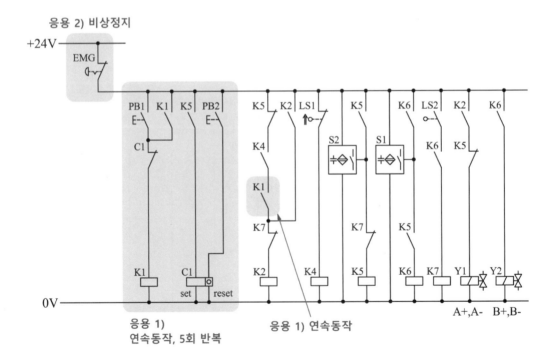

[공개 06]

자격 종목	설비보전기사	과제명	전기유압회로 설계 및 구성작업

※ 시험 시간: [제2과제] 1시간

1. 요구사항

※ 지급된 재료 및 시설을 사용하여 아래 작업을 완성하시오.

※ 작품을 제출한 후에는 재작업을 할 수 없음을 유의하여 작업하시오.

가. 유압 기기 배치

1) 유압 회로도와 같이 유압 기기를 선정하여 고정판에 배치하시오. (단, 유압 기기는 수평 또는 수직 방향으로 수험자가 임의로 배치하고, 리밋 스위치는 방향성을 고려하여 설치하시오.)

2) 유압 호스를 사용하여 기기를 연결하시오. (단, 유압 호스가 시스템 동작에 영향을 주지 않도록 정리하시오.)

3) 유압 공급압력은 4 ± 0.2 MPa로 설정하시오.

4) 작업이 완료된 상태에서 유압을 공급했을 때 유압유의 누설이 발생하지 않도록 하시오.

나. 유압 회로 설계 및 구성

1) 주어진 전기회로도 중 오류 부분은 수험자가 정정하여 기본제어동작을 만족하도록 시스템을 구성하시오. (단, 릴레이의 개수가 증가되거나 감소되지 않도록 작업하시오.)

2) 응용제어동작을 만족하도록 시스템을 변경하시오.

3) 전기 배선은 전원의 극성에 따라 +24V는 적색, 0V는 청색(또는 흑색)의 리드선을 구별하여 사용하시오.

4) 작업이 완료된 상태에서 전원을 투입했을 때 쇼트가 발생하지 않도록 하시오.

5) 지정되지 않은 누름버튼 스위치는 자동복귀형 스위치를 사용하시오. (단, 비상정지 스위치 등 해제 동작이 필요한 스위치는 유지형 스위치를 사용할 수 있습니다.)

6) 모든 동작은 전원을 유지한 상태에서 재동작이 가능하도록 회로를 구성하시오.

다. 기본제어동작

1) 초기 상태에서 시작 스위치(PB1)를 ON-OFF 하면 다음 변위단계선도와 같이 동작합니다.
   (단, 모터 A는 축방향에서 볼 때 시계방향은 정회전, 반시계방향은 역회전이며, 유압 회로
   도와 관계없이 정회전이 되도록 작업하시오.)

2) 변위-단계선도

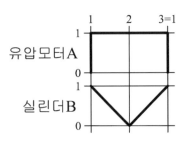

라. 응용제어동작

※ 기본제어동작을 다음 조건과 같이 변경하시오.

1) 누름버튼 스위치를 추가하여 다음과 같이 동작합니다.

   가) 누름버튼 스위치(PB2)를 1회 ON-OFF 하면 기본제어동작이 연속 동작하여야 합니다.

   나) 누름버튼 스위치(PB3)를 1회 ON-OFF 하면 행정이 완료된 후 정지하여야 합니다.

2) 유압모터의 출구 측에 릴리프밸브를 설치하여 출구 측 압력이 2MPa(20kgf/cm^2)이 되도록
   유압 회로도를 변경·조정합니다.

2. 유압 회로도 및 전기 회로도

○ 유압 회로도

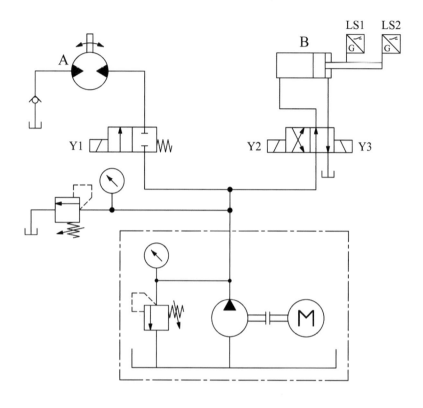

○ 전기 회로도

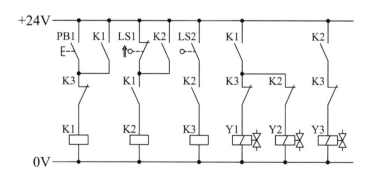

3. 전기유압회로 설계 및 구성작업 풀이

가. 기본제어동작

○ 기본제어동작 분석

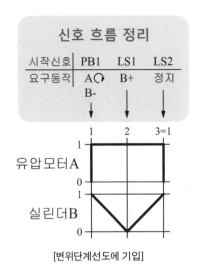

[변위단계선도에 기입]

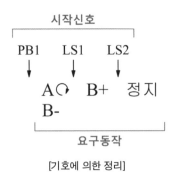

[기호에 의한 정리]

○ 전기회로도 오류 수정

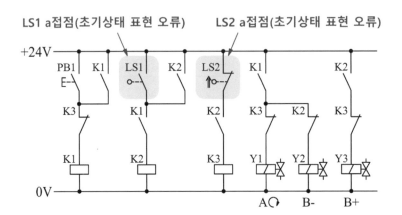

나. 응용제어동작

○ 유압 회로도 변경

응용 2)
릴리프밸브, 압력게이지 설치

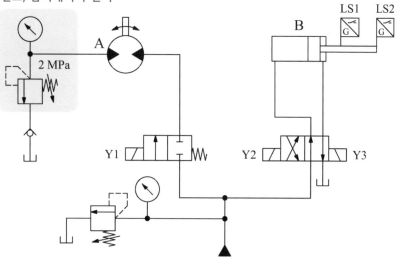

○ 전기 회로도 변경

응용 1) 연속동작

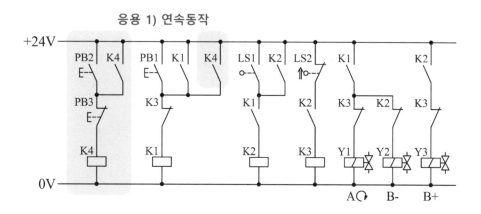

자격 종목	설비보전기사	과제명	전기공기압회로 설계 및 구성작업

※ 시험 시간: [제1과제] 1시간

1. 요구사항

※ 지급된 재료 및 시설을 사용하여 아래 작업을 완성하시오.

※ 작품을 제출한 후에는 재작업을 할 수 없음을 유의하여 작업하시오.

가. 공기압 기기 배치

1) 공기압 회로도와 같이 공기압 기기를 선정하여 고정판에 배치하시오. (단, 공기압 기기는 수평 또는 수직 방향으로 수험자가 임의로 배치하고, 리밋 스위치는 방향성을 고려하여 설치하시오.)

2) 공기압 호스를 적절한 길이로 절단 및 사용하여 기기를 연결하시오. (단, 공기압 호스가 시스템 동작에 영향을 주지 않도록 정리하시오.)

3) 작업압력(서비스 유닛)을 0.5±0.05 MPa로 설정하시오.

4) 실린더A 동작은 유도형 센서나 용량형 센서를 사용하고, 실린더B 동작은 전기 리밋 스위치를 사용하여 구성하시오.

5) 작업이 완료된 상태에서 압축공기를 공급했을 때 공기 누설이 발생하지 않도록 하시오.

나. 공기압 회로 설계 및 구성

1) 주어진 전기회로도 중 오류 부분은 수험자가 정정하여 기본제어동작을 만족하도록 시스템을 구성하시오. (단, 릴레이의 개수가 증가되거나 감소되지 않도록 작업하시오.)

2) 응용제어동작을 만족하도록 시스템을 변경하시오.

3) 전기 배선은 전원의 극성에 따라 +24V는 적색, 0V는 청색(또는 흑색)의 리드선을 구별하여 사용하시오.

4) 작업이 완료된 상태에서 전원을 투입했을 때 쇼트가 발생하지 않도록 하시오.

5) 지정되지 않은 누름버튼 스위치는 자동복귀형 스위치를 사용하시오. (단, 비상정지 스위치 등 해제 동작이 필요한 스위치는 유지형 스위치를 사용할 수 있습니다.)

6) 모든 동작은 전원을 유지한 상태에서 재동작이 가능하도록 회로를 구성하시오.

다. 기본제어동작

1) 초기 상태에서 PB1 스위치를 ON-OFF 하면 다음 변위단계선도와 같이 동작합니다.

2) 변위-단계선도

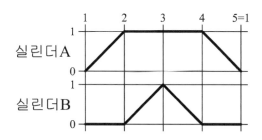

라. 응용제어동작

※ 기본제어동작을 다음 조건과 같이 변경하시오.

1) 기존 회로에 타이머를 사용하여 다음 변위단계선도와 같이 동작되도록 합니다.

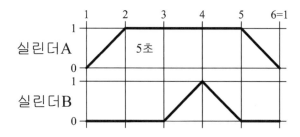

2) 연속 스위치와 비상 스위치를 추가하여 다음과 같이 동작하도록 합니다.

  가) 연속 스위치를 선택하면 기본제어동작이 연속 사이클로 동작되어야 합니다.

  나) 연속 작업에서 비상 스위치가 동작되면 모든 실린더는 후진되어야 합니다.

  다) 비상 스위치를 해제하면 시스템은 초기화되어야 합니다.

3) 실린더 A의 전·후진 속도와 실린더 B의 전·후진 속도를 조절할 수 있도록 배기공기 교축 (meter-out) 회로를 추가합니다.

2. 공기압 회로도 및 전기 회로도

○ 공기압 회로도

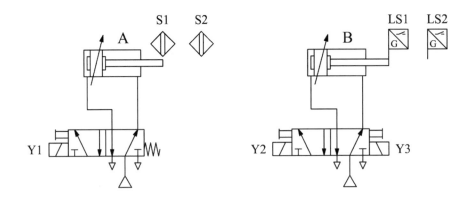

○ 전기 회로도

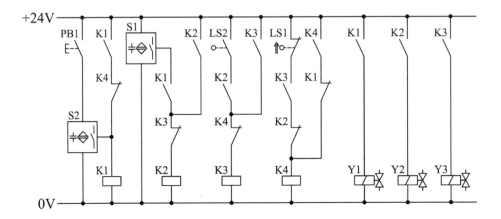

3. 전기공기압회로 설계 및 구성작업 풀이

가. 기본제어동작

○ 기본제어동작 분석

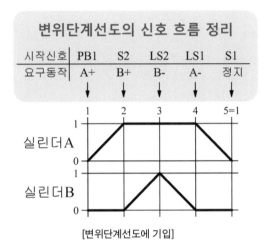

[변위단계선도에 기입]

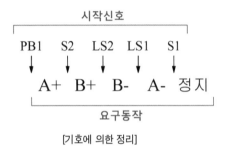

[기호에 의한 정리]

○ 전기회로도 오류 수정

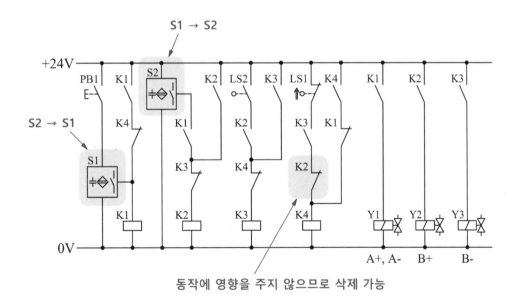

동작에 영향을 주지 않으므로 삭제 가능

나. 응용제어동작

○ 공기압 회로도 변경

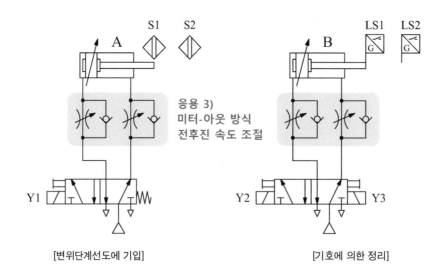

응용 3)
미터-아웃 방식
전후진 속도 조절

[변위단계선도에 기입]   [기호에 의한 정리]

○ 전기 회로도 변경

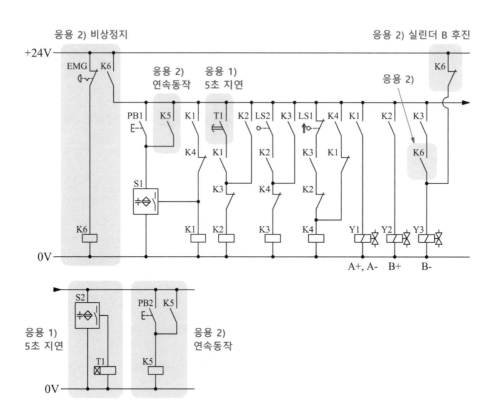

[공개 07]

자격 종목	설비보전기사	과제명	전기유압회로 설계 및 구성작업

※ 시험 시간: [제2과제] 1시간

1. 요구사항

※ 지급된 재료 및 시설을 사용하여 아래 작업을 완성하시오.

※ 작품을 제출한 후에는 재작업을 할 수 없음을 유의하여 작업하시오.

가. 유압 기기 배치

1) 유압 회로도와 같이 유압 기기를 선정하여 고정판에 배치하시오. (단, 유압 기기는 수평 또는 수직 방향으로 수험자가 임의로 배치하고, 리밋 스위치는 방향성을 고려하여 설치하시오.)

2) 유압 호스를 사용하여 기기를 연결하시오. (단, 유압 호스가 시스템 동작에 영향을 주지 않도록 정리하시오.)

3) 유압 공급압력은 4±0.2 MPa로 설정하시오.

4) 작업이 완료된 상태에서 유압을 공급했을 때 유압유의 누설이 발생하지 않도록 하시오.

나. 유압 회로 설계 및 구성

1) 주어진 전기회로도 중 오류 부분은 수험자가 정정하여 기본제어동작을 만족하도록 시스템을 구성하시오. (단, 릴레이의 개수가 증가되거나 감소되지 않도록 작업하시오.)

2) 응용제어동작을 만족하도록 시스템을 변경하시오.

3) 전기 배선은 전원의 극성에 따라 +24V는 적색, 0V는 청색(또는 흑색)의 리드선을 구별하여 사용하시오.

4) 작업이 완료된 상태에서 전원을 투입했을 때 쇼트가 발생하지 않도록 하시오.

5) 지정되지 않은 누름버튼 스위치는 자동복귀형 스위치를 사용하시오. (단, 비상정지 스위치 등 해제 동작이 필요한 스위치는 유지형 스위치를 사용할 수 있습니다.)

6) 모든 동작은 전원을 유지한 상태에서 재동작이 가능하도록 회로를 구성하시오.

다. 기본제어동작

1) 초기상태에서 PB2(유지형 스위치 가능)를 ON하면 램프 1이 점등되고, PB2를 해제(OFF)하면 램프 1이 소등됩니다. 시작스위치(PB1)을 ON-OFF하면 실린더 A가 전진하고 실린더 A가 전진 완료 후 유압모터 B가 회전합니다.

PB2를 ON하면 램프 1 점등, 실린더 A 후진, 유압모터 정지가 동시에 이루어집니다. 작동이 완료되면 PB2를 해제(OFF)하여 초기상태로 되어야 합니다.

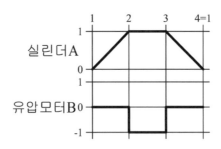

라. 응용제어동작

※ 기본제어동작을 다음 조건과 같이 변경하시오.

1) 비상정지 스위치(유지형 스위치 가능) 및 기타 부품을 추가하여 다음과 같이 동작되도록 합니다.

가) 기본제어동작 상태에서 비상정지 스위치(PB3)를 한번 누르면(ON) 동작이 즉시 정지되어야 합니다.

나) 비상정지 스위치가 동작 중일 때는 작업자가 알 수 있도록 램프 2가 점등되고, 비상정지 스위치를 해제하면 램프 2가 소등됩니다.

다) PB2를 이용하여 시스템을 초기화합니다.

라) 시스템이 초기화된 이후에는 기본제어동작이 되어야 합니다.

2) 실린더 A의 전진 속도와 유압모터 B의 회전 속도를 meter-in 방법에 의해 조정할 수 있게 유압 회로도를 변경합니다.

2. 유압 회로도 및 전기 회로도

○ 유압 회로도

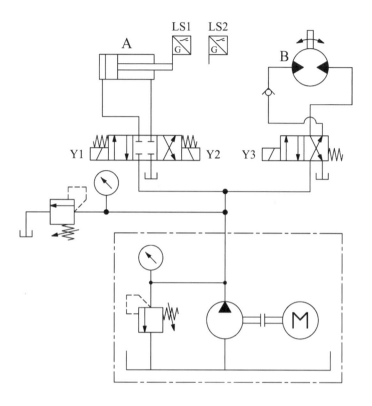

○ 전기 회로도

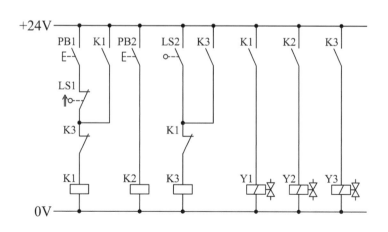

3. 전기유압회로 설계 및 구성작업 풀이

가. 기본제어동작

○ 기본제어동작 분석

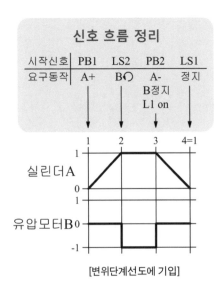

[변위단계선도에 기입]

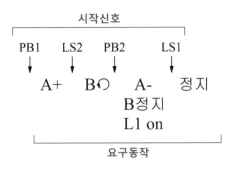

[기호에 의한 정리]

○ 전기회로도 오류 수정

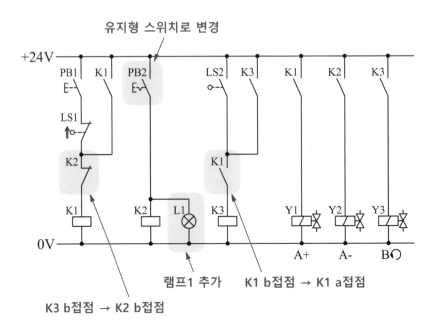

나. 응용제어동작

○ 유압 회로도 변경

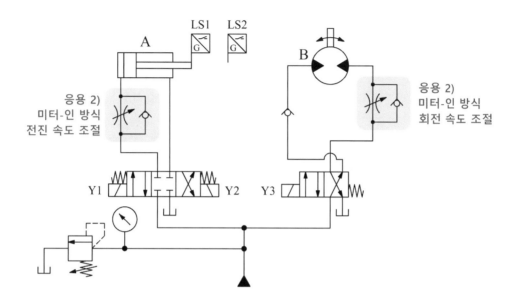

○ 전기 회로도 변경

응용 1) 비상정지, 램프 점등

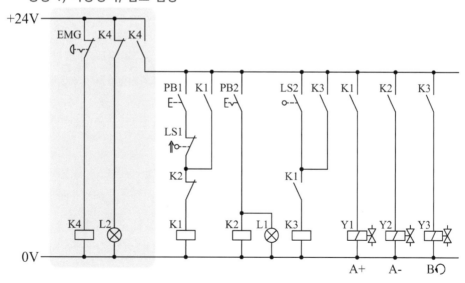

자격 종목	설비보전기사	과제명	전기공기압회로 설계 및 구성작업

※ 시험 시간: [제1과제] 1시간

1. 요구사항

※ 지급된 재료 및 시설을 사용하여 아래 작업을 완성하시오.

※ 작품을 제출한 후에는 재작업을 할 수 없음을 유의하여 작업하시오.

가. 공기압 기기 배치

1) 공기압 회로도와 같이 공기압 기기를 선정하여 고정판에 배치하시오. (단, 공기압 기기는 수평 또는 수직 방향으로 수험자가 임의로 배치하고, 리밋 스위치는 방향성을 고려하여 설치하시오.)

2) 공기압 호스를 적절한 길이로 절단 및 사용하여 기기를 연결하시오. (단, 공기압 호스가 시스템 동작에 영향을 주지 않도록 정리하시오.)

3) 작업압력(서비스 유닛)을 0.5±0.05 MPa로 설정하시오.

4) 실린더A 동작은 유도형 센서나 용량형 센서를 사용하고, 실린더B 동작은 전기 리밋 스위치를 사용하여 구성하시오.

5) 작업이 완료된 상태에서 압축공기를 공급했을 때 공기 누설이 발생하지 않도록 하시오.

나. 공기압 회로 설계 및 구성

1) 주어진 전기 회로도 중 오류 부분은 수험자가 정정하여 기본제어동작을 만족하도록 시스템을 구성하시오. (단, 릴레이의 개수가 증가되거나 감소되지 않도록 작업하시오.)

2) 응용제어동작을 만족하도록 시스템을 변경하시오.

3) 전기 배선은 전원의 극성에 따라 +24V는 적색, 0V는 청색(또는 흑색)의 리드선을 구별하여 사용하시오.

4) 작업이 완료된 상태에서 전원을 투입했을 때 쇼트가 발생하지 않도록 하시오.

5) 지정되지 않은 누름버튼 스위치는 자동복귀형 스위치를 사용하시오. (단, 비상정지 스위치 등 해제 동작이 필요한 스위치는 유지형 스위치를 사용할 수 있습니다.)

6) 모든 동작은 전원을 유지한 상태에서 재동작이 가능하도록 회로를 구성하시오.

다. 기본제어동작

1) 초기상태에서 PB1 스위치를 ON-OFF 하면 다음 변위단계선도와 같이 동작합니다.

2) 변위-단계선도

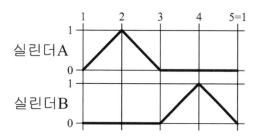

라. 응용제어동작

※ 기본제어동작을 다음 조건과 같이 변경하시오.

1) 연속동작 스위치(PB2) 및 연속정지 스위치(PB3)를 추가하여 다음과 같이 동작하도록 합니다.

  가) 연속동작 스위치를 ON-OFF하면 기본제어동작이 연속 사이클로 동작되어야 하고 연속 정지 스위치를 ON-OFF하면 실린더는 전부 후진한 후 정지합니다.

2) 전기 카운터와 램프를 추가하여 다음과 같이 동작하도록 합니다.

  가) 연속 작업이 시작되면 변위단계선도와 같은 사이클을 5회 반복한 후 정지하여야 합니다.

  나) 연속작업 완료와 동시에 램프가 점등 되어야 합니다.

3) 실린더 A의 전·후진 속도와 실린더 B의 전·후진 속도를 조절할 수 있도록 배기교축 (meter-out) 회로를 추가합니다.

2. 공기압 회로도 및 전기 회로도

○ 공기압 회로도

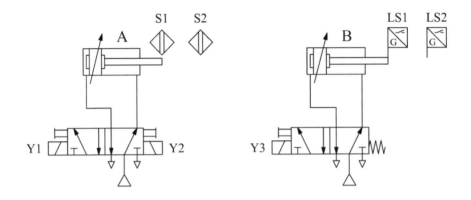

○ 전기 회로도

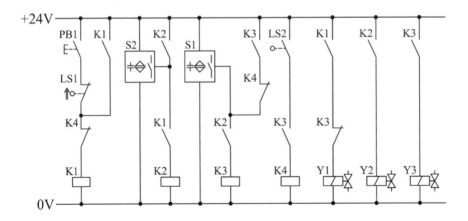

3. 전기공기압회로 설계 및 구성작업 풀이

가. 기본제어동작

○ 기본제어동작 분석

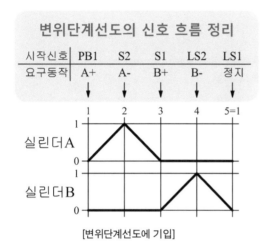

[변위단계선도에 기입]

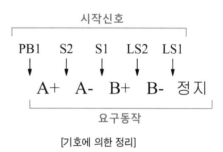

[기호에 의한 정리]

○ 전기회로도 오류 수정

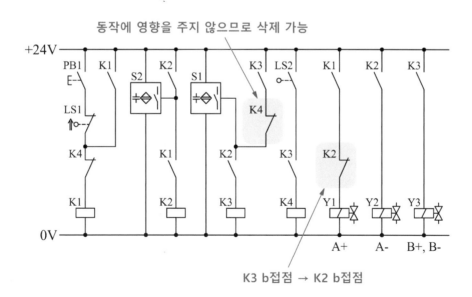

동작에 영향을 주지 않으므로 삭제 가능

K3 b접점 → K2 b접점

나. 응용제어동작

○ 공기압 회로도 변경

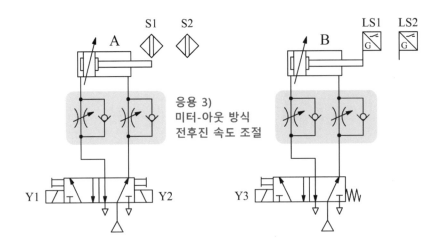

응용 3)
미터-아웃 방식
전후진 속도 조절

○ 전기 회로도 변경

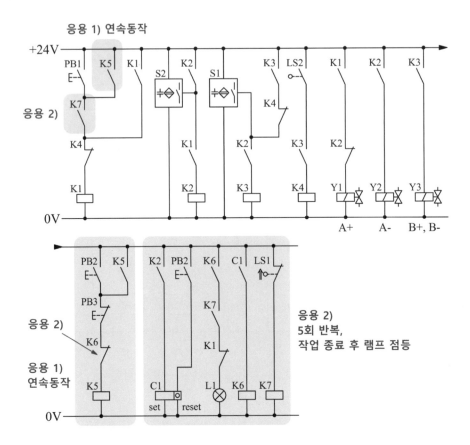

응용 1) 연속동작

응용 2)

응용 2)
5회 반복,
작업 종료 후 램프 점등

응용 2)

응용 1)
연속동작

자격 종목	설비보전기사	과제명	전기유압회로 설계 및 구성작업

※ 시험 시간: [제2과제] 1시간

1. 요구사항

※ 지급된 재료 및 시설을 사용하여 아래 작업을 완성하시오.

※ 작품을 제출한 후에는 재작업을 할 수 없음을 유의하여 작업하시오.

가. 유압 기기 배치

1) 유압 회로도와 같이 유압 기기를 선정하여 고정판에 배치하시오. (단, 유압 기기는 수평 또는 수직 방향으로 수험자가 임의로 배치하고, 리밋 스위치는 방향성을 고려하여 설치하시오.)

2) 유압 호스를 사용하여 기기를 연결하시오. (단, 유압 호스가 시스템 동작에 영향을 주지 않도록 정리하시오.)

3) 유압 공급압력은 4±0.2 MPa로 설정하시오.

4) 작업이 완료된 상태에서 유압을 공급했을 때 유압유의 누설이 발생하지 않도록 하시오.

나. 유압 회로 설계 및 구성

1) 주어진 전기회로도 중 오류 부분은 수험자가 정정하여 기본제어동작을 만족하도록 시스템을 구성하시오. (단, 릴레이의 개수가 증가되거나 감소되지 않도록 작업하시오.)

2) 응용제어동작을 만족하도록 시스템을 변경하시오.

3) 전기 배선은 전원의 극성에 따라 +24V는 적색, 0V는 청색(또는 흑색)의 리드선을 구별하여 사용하시오.

4) 작업이 완료된 상태에서 전원을 투입했을 때 쇼트가 발생하지 않도록 하시오.

5) 지정되지 않은 누름버튼 스위치는 자동복귀형 스위치를 사용하시오. (단, 비상정지 스위치 등 해제 동작이 필요한 스위치는 유지형 스위치를 사용할 수 있습니다.)

6) 모든 동작은 전원을 유지한 상태에서 재동작이 가능하도록 회로를 구성하시오.

다. 기본제어동작

1) 초기 상태에서 PB1 스위치를 ON-OFF 하면 다음 변위단계선도와 같이 동작합니다.

2) 변위-단계선도

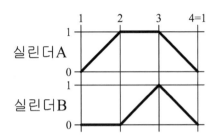

라. 응용제어동작

※ 기본제어동작을 다음 조건과 같이 변경하시오.

1) 비상정지 스위치(유지형 스위치 가능), 타이머 및 기타 부품을 추가하여 다음과 같이 동작
되도록 합니다.

가) 기존 회로에 타이머를 사용하여 아래 변위단계선도와 같이 동작합니다.

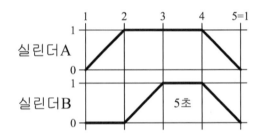

나) 기본제어동작 상태에서 비상정지 스위치(PB2)를 한번 누르면(ON) 동작이 즉시 정지되
어야 합니다. (단, 실린더 B는 즉시 후진합니다.)

다) 비상정지 스위치(PB2)를 해제하면 시스템은 초기화됩니다.

2) 실린더 A와 B의 전진 속도를 meter-in 방법에 의해 조정할 수 있게 유압 회로도를 변경합
니다.

2. 유압 회로도 및 전기 회로도

○ 유압 회로도

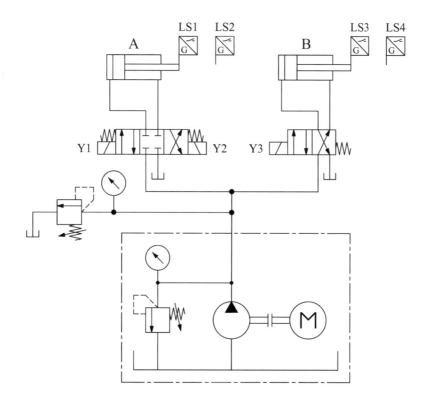

○ 전기 회로도

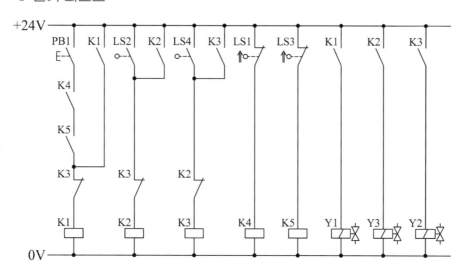

3. 전기유압회로 설계 및 구성작업 풀이

가. 기본제어동작

○ 기본제어동작 분석

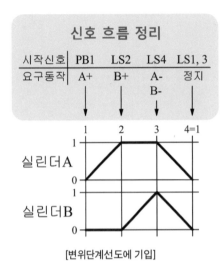

[변위단계선도에 기입]

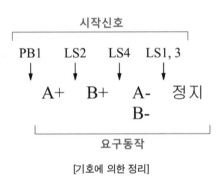

[기호에 의한 정리]

○ 전기회로도 오류 수정

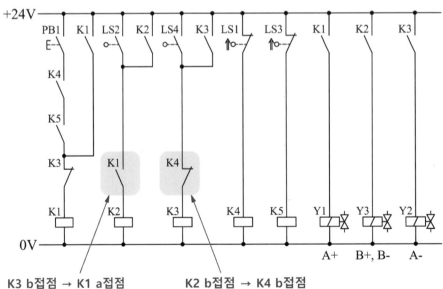

K3 b접점 → K1 a접점
(비상정지 해제시 오류 방지)

K2 b접점 → K4 b접점
(실린더 A 후진 완료 후 초기화 되어야 한다)

나. 응용제어동작

○ 유압 회로도 변경

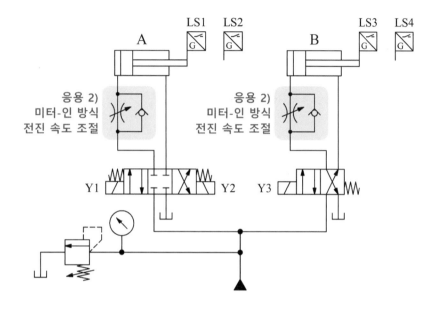

○ 전기 회로도 변경

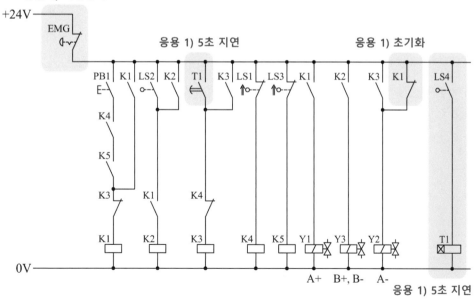

자격 종목	설비보전기사	과제명	전기공기압회로 설계 및 구성작업

※ 시험 시간: [제1과제] 1시간

1. 요구사항

※ 지급된 재료 및 시설을 사용하여 아래 작업을 완성하시오.

※ 작품을 제출한 후에는 재작업을 할 수 없음을 유의하여 작업하시오.

가. 공기압 기기 배치

1) 공기압 회로도와 같이 공기압 기기를 선정하여 고정판에 배치하시오. (단, 공기압 기기는 수평 또는 수직 방향으로 수험자가 임의로 배치하고, 리밋 스위치는 방향성을 고려하여 설치하시오.)

2) 공기압 호스를 적절한 길이로 절단 및 사용하여 기기를 연결하시오. (단, 공기압 호스가 시스템 동작에 영향을 주지 않도록 정리하시오.)

3) 작업압력(서비스 유닛)을 0.5±0.05 MPa로 설정하시오.

4) 실린더A 동작은 유도형 센서나 용량형 센서를 사용하고, 실린더B 동작은 전기 리밋 스위치를 사용하여 구성하시오.

5) 작업이 완료된 상태에서 압축공기를 공급했을 때 공기 누설이 발생하지 않도록 하시오.

나. 공기압 회로 설계 및 구성

1) 주어진 전기회로도 중 오류 부분은 수험자가 정정하여 기본제어동작을 만족하도록 시스템을 구성하시오. (단, 릴레이의 개수가 증가되거나 감소되지 않도록 작업하시오.)

2) 응용제어동작을 만족하도록 시스템을 변경하시오.

3) 전기 배선은 전원의 극성에 따라 +24V는 적색, 0V는 청색(또는 흑색)의 리드선을 구별하여 사용하시오.

4) 작업이 완료된 상태에서 전원을 투입했을 때 쇼트가 발생하지 않도록 하시오.

5) 지정되지 않은 누름버튼 스위치는 자동복귀형 스위치를 사용하시오. (단, 비상정지 스위치 등 해제 동작이 필요한 스위치는 유지형 스위치를 사용할 수 있습니다.)

6) 모든 동작은 전원을 유지한 상태에서 재동작이 가능하도록 회로를 구성하시오.

다. 기본제어동작

1) 초기상태에서 PB1 스위치를 ON-OFF 하면 다음 변위단계선도와 같이 동작합니다.

2) 변위-단계선도

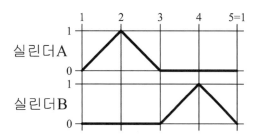

라. 응용제어동작

※ 기본제어동작을 다음 조건과 같이 변경하시오.

1) 기존 회로에 타이머를 사용하여 다음 변위단계선도와 같이 동작되도록 합니다.

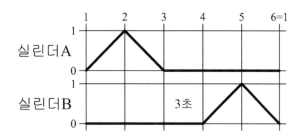

2) 시작 스위치(PB1) 외에 연속동작 스위치(PB2)와 카운터를 사용하여 연속 사이클 회로(반드시 회로를 구성하고 잠금장치 스위치는 사용불가)를 구성하여 다음과 같이 동작되도록 합니다.

   가) 연속동작 스위치(PB2)를 누르면 연속 사이클로 계속 동작 합니다.

   나) 연속 사이클 횟수를 3회로 설정하고 그 사이클이 완료된 후 정지하여야 합니다.

   다) 연속동작 중에 비상정지 스위치를 누르면 실린더 A는 전진, 실린더 B는 후진하여 정지하고, 카운터는 초기화되도록 합니다.

   라) 비상정지 스위치 해제 시 실린더가 초기화되도록 합니다.

3) 실린더 A는 후진 속도는 3초, B는 전진 속도는 5초가 되도록 교축(meter-out) 회로를 구성하여 조정합니다.

2. 공기압 회로도 및 전기 회로도

○ 공기압 회로도

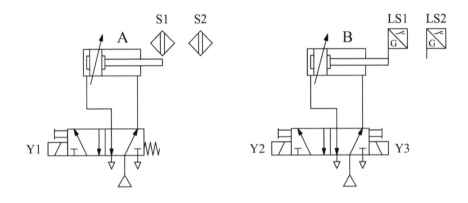

○ 전기 회로도

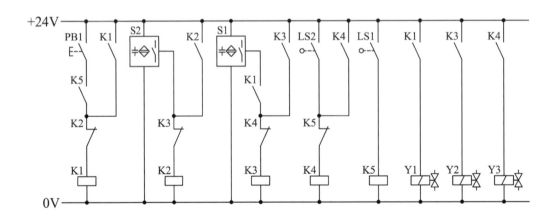

3. 전기공기압회로 설계 및 구성작업 풀이

가. 기본제어동작

○ 기본제어동작 분석

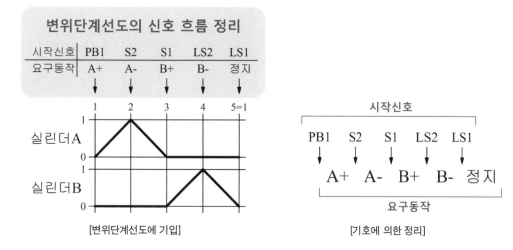

변위단계선도의 신호 흐름 정리					
시작신호	PB1	S2	S1	LS2	LS1
요구동작	A+	A-	B+	B-	정지

[변위단계선도에 기입]

시작신호

PB1	S2	S1	LS2	LS1
A+	A-	B+	B-	정지

요구동작

[기호에 의한 정리]

○ 전기회로도 오류 수정

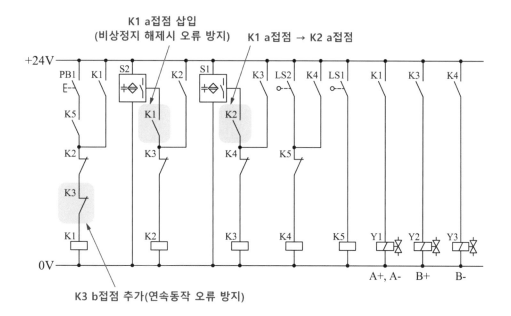

K1 a접점 삽입
(비상정지 해제시 오류 방지)

K1 a접점 → K2 a접점

K3 b접점 추가(연속동작 오류 방지)

나. 응용제어동작

○ 공기압 회로도 변경

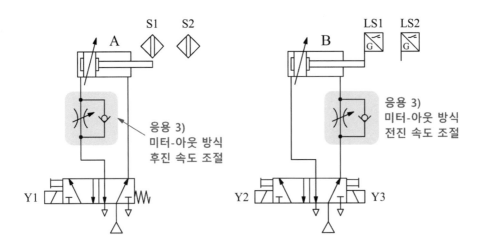

○ 전기 회로도 변경

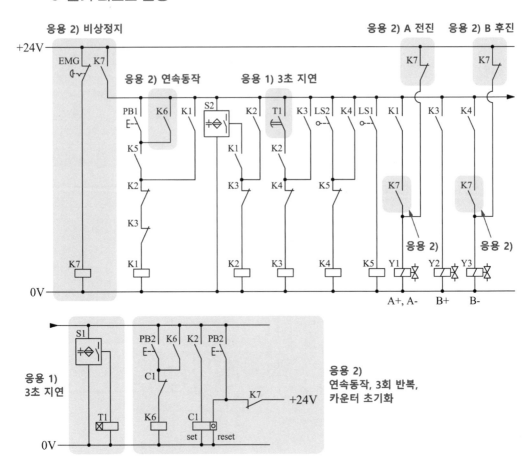

자격 종목	설비보전기사	과제명	전기유압회로 설계 및 구성작업

※ 시험 시간: [제2과제] 1시간

1. 요구사항

※ 지급된 재료 및 시설을 사용하여 아래 작업을 완성하시오.

※ 작품을 제출한 후에는 재작업을 할 수 없음을 유의하여 작업하시오.

가. 유압 기기 배치

1) 유압 회로도와 같이 유압 기기를 선정하여 고정판에 배치하시오. (단, 유압 기기는 수평 또는 수직 방향으로 수험자가 임의로 배치하고, 리밋 스위치는 방향성을 고려하여 설치하시오.)

2) 유압 호스를 사용하여 기기를 연결하시오. (단, 유압 호스가 시스템 동작에 영향을 주지 않도록 정리하시오.)

3) 유압 공급압력은 4±0.2 MPa로 설정하시오.

4) 작업이 완료된 상태에서 유압을 공급했을 때 유압유의 누설이 발생하지 않도록 하시오.

나. 유압 회로 설계 및 구성

1) 주어진 전기회로도 중 오류 부분은 수험자가 정정하여 기본제어동작을 만족하도록 시스템을 구성하시오. (단, 릴레이의 개수가 증가되거나 감소되지 않도록 작업하시오.)

2) 응용제어동작을 만족하도록 시스템을 변경하시오.

3) 전기 배선은 전원의 극성에 따라 +24V는 적색, 0V는 청색(또는 흑색)의 리드선을 구별하여 사용하시오.

4) 작업이 완료된 상태에서 전원을 투입했을 때 쇼트가 발생하지 않도록 하시오.

5) 지정되지 않은 누름버튼 스위치는 자동복귀형 스위치를 사용하시오. (단, 비상정지 스위치 등 해제 동작이 필요한 스위치는 유지형 스위치를 사용할 수 있습니다.)

6) 모든 동작은 전원을 유지한 상태에서 재동작이 가능하도록 회로를 구성하시오.

다. 기본제어동작

1) 초기상태에서 PB1 스위치를 ON-OFF 하면 다음 변위단계선도와 같이 동작합니다.

2) 변위-단계선도

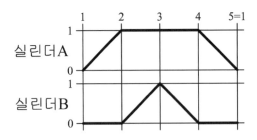

라. 응용제어동작

※ 기본제어동작을 다음 조건과 같이 변경하시오.

1) 시작 스위치(PB1) 외에 스위치(PB2) 및 비상정지 스위치(PB3)(유지형 스위치 가능) 기타 부품을 추가하여 다음과 같이 제어합니다.

　가) 후입력 우선회로를 구성하고 실린더 A가 전진 중에 스위치(PB2)를 1회 ON-OFF 하면 실린더 A는 즉시 후진하고 실린더 B는 정지하여야 합니다.

　나) 기본제어동작 상태에서 비상정지 스위치(PB3)를 한번 누르면 동작이 즉시 정지되어야 합니다. (단, 실린더 A는 즉시 후진합니다.)

　다) 비상정지 스위치(PB3)를 해제하면 기본제어동작이 되어야 합니다.

2) 실린더 A의 Rod 측에 Pilot 조작 Check Valve를 이용 Locking 회로를 구성하고, 실린더 B의 전진 속도를 meter-out 방법에 의해 조정할 수 있게 유압회로를 변경하고 전진 속도는 5초가 되도록 조정합니다.

2. 유압 회로도 및 전기 회로도

○ 유압 회로도

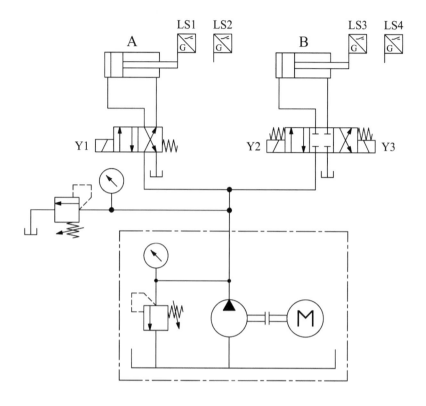

○ 전기 회로도

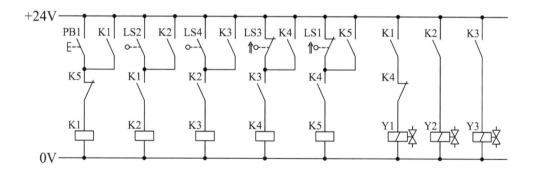

3. 전기유압회로 설계 및 구성작업 풀이

가. 기본제어동작

○ 기본제어동작 분석

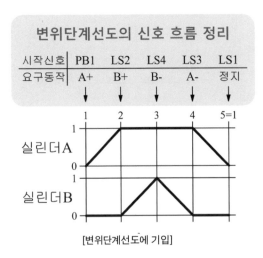

[변위단계선도에 기입]

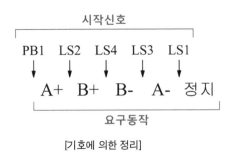

[기호에 의한 정리]

○ 전기회로도 오류 수정

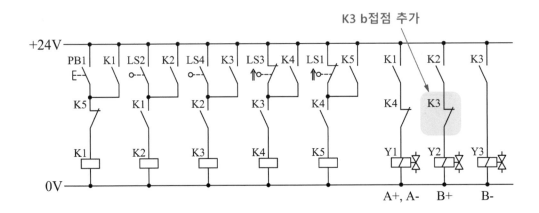

나. 응용제어동작

○ 유압 회로도 변경

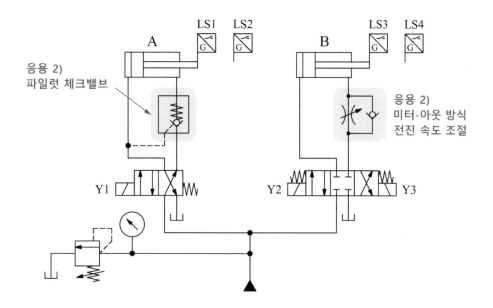

○ 전기 회로도 변경

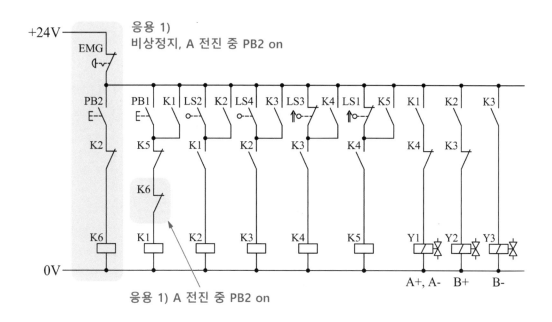

[공개 10]

자격 종목	설비보전기사	과제명	전기공기압회로 설계 및 구성작업

※ 시험 시간: [제1과제] 1시간

1. 요구사항

※ 지급된 재료 및 시설을 사용하여 아래 작업을 완성하시오.

※ 작품을 제출한 후에는 재작업을 할 수 없음을 유의하여 작업하시오.

가. 공기압 기기 배치

1) 공기압 회로도와 같이 공기압 기기를 선정하여 고정판에 배치하시오. (단, 공기압 기기는 수평 또는 수직 방향으로 수험자가 임의로 배치하고, 리밋 스위치는 방향성을 고려하여 설치하시오.)

2) 공기압 호스를 적절한 길이로 절단 및 사용하여 기기를 연결하시오. (단, 공기압 호스가 시스템 동작에 영향을 주지 않도록 정리하시오.)

3) 작업압력(서비스 유닛)을 0.5±0.05 MPa로 설정하시오.

4) 실린더A 동작은 유도형 센서나 용량형 센서를 사용하고, 실린더B 동작은 전기 리밋 스위치를 사용하여 구성하시오.

5) 작업이 완료된 상태에서 압축공기를 공급했을 때 공기 누설이 발생하지 않도록 하시오.

나. 공기압 회로 설계 및 구성

1) 주어진 전기회로도 중 오류 부분은 수험자가 정정하여 기본제어동작을 만족하도록 시스템을 구성하시오. (단, 릴레이의 개수가 증가되거나 감소되지 않도록 작업하시오.)

2) 응용제어동작을 만족하도록 시스템을 변경하시오.

3) 전기 배선은 전원의 극성에 따라 +24V는 적색, 0V는 청색(또는 흑색)의 리드선을 구별하여 사용하시오.

4) 작업이 완료된 상태에서 전원을 투입했을 때 쇼트가 발생하지 않도록 하시오.

5) 지정되지 않은 누름버튼 스위치는 자동복귀형 스위치를 사용하시오. (단, 비상정지 스위치 등 해제 동작이 필요한 스위치는 유지형 스위치를 사용할 수 있습니다.)

6) 모든 동작은 전원을 유지한 상태에서 재동작이 가능하도록 회로를 구성하시오.

다. 기본제어동작

1) 초기상태에서 PB1 스위치를 ON-OFF 하면 다음 변위단계선도와 같이 동작합니다.

2) 변위-단계선도

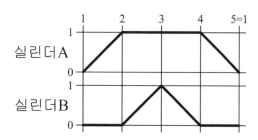

라. 응용제어동작

※ 기본제어동작을 다음 조건과 같이 변경하시오.

1) 연속동작 스위치(PB2) 및 연속정지 스위치(PB3)를 추가하여 다음과 같이 동작하도록 합니다.

　가) 연속동작 스위치를 ON-OFF하면 기본제어동작이 연속 사이클로 동작되어야 하고 연속 정지 스위치를 ON-OFF하면 실린더는 전부 후진한 후 정지합니다

2) 카운터와 램프를 추가하여 다음과 같이 동작하도록 합니다.

　가) 연속 사이클 횟수를 5회로 설정하고 그 사이클이 완료된 후 정지하여야 합니다.

　나) 연속 사이클이 완료되면 램프가 점등되도록 회로를 구성합니다.

3) 실린더 A의 전·후진 속도와 실린더 B의 전·후진 속도가 같도록 배기교축(meter-out) 방법에 의해 조정합니다.

2. 공기압 회로도 및 전기 회로도

○ 공기압 회로도

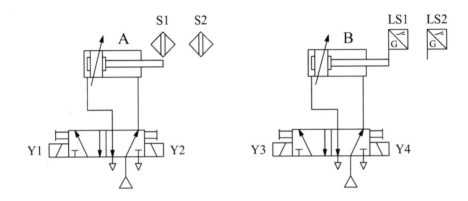

○ 전기 회로도

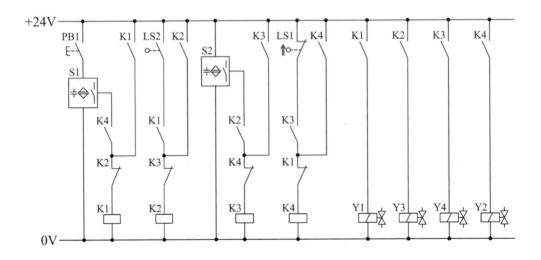

3. 전기공기압회로 설계 및 구성작업 풀이

가. 기본제어동작

○ 기본제어동작 분석

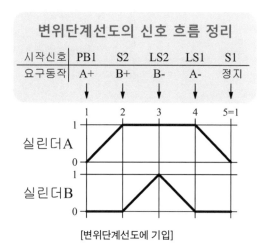

[변위단계선도에 기입]

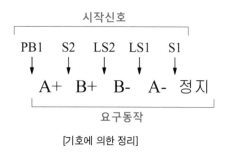

[기호에 의한 정리]

○ 전기회로도 오류 수정

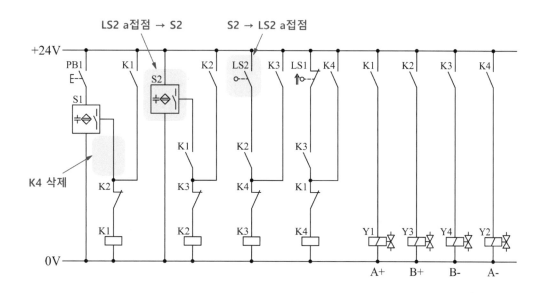

나. 응용제어동작

○ 공기압 회로도 변경

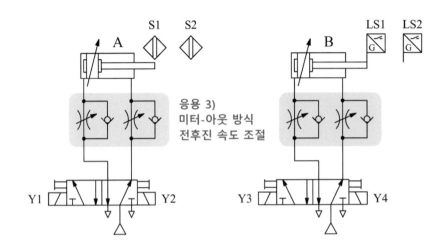

응용 3)
미터-아웃 방식
전후진 속도 조절

○ 전기 회로도 변경

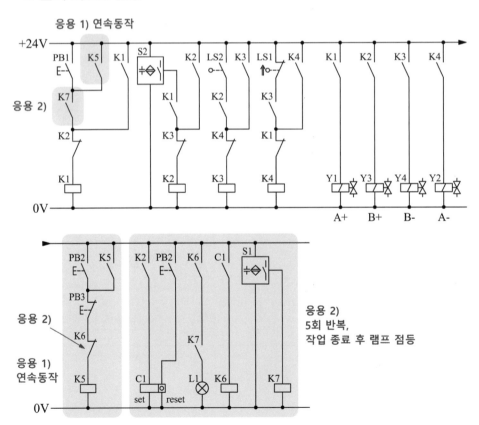

응용 1) 연속동작

응용 2)

응용 2)
5회 반복,
작업 종료 후 램프 점등

응용 2)

응용 1)
연속동작

[공개 10]

자격 종목	설비보전기사	과제명	전기유압회로 설계 및 구성작업

※ 시험 시간: [제2과제] 1시간

1. 요구사항

※ 지급된 재료 및 시설을 사용하여 아래 작업을 완성하시오.

※ 작품을 제출한 후에는 재작업을 할 수 없음을 유의하여 작업하시오.

가. 유압 기기 배치

1) 유압 회로도와 같이 유압 기기를 선정하여 고정판에 배치하시오. (단, 유압 기기는 수평 또는 수직 방향으로 수험자가 임의로 배치하고, 리밋 스위치는 방향성을 고려하여 설치하시오.)

2) 유압 호스를 사용하여 기기를 연결하시오. (단, 유압 호스가 시스템 동작에 영향을 주지 않도록 정리하시오.)

3) 유압 공급압력은 4±0.2 MPa로 설정하시오.

4) 작업이 완료된 상태에서 유압을 공급했을 때 유압유의 누설이 발생하지 않도록 하시오.

나. 유압 회로 설계 및 구성

1) 주어진 전기회로도 중 오류 부분은 수험자가 정정하여 기본제어동작을 만족하도록 시스템을 구성하시오. (단, 릴레이의 개수가 증가되거나 감소되지 않도록 작업하시오.)

2) 응용제어동작을 만족하도록 시스템을 변경하시오.

3) 전기 배선은 전원의 극성에 따라 +24V는 적색, 0V는 청색(또는 흑색)의 리드선을 구별하여 사용하시오.

4) 작업이 완료된 상태에서 전원을 투입했을 때 쇼트가 발생하지 않도록 하시오.

5) 지정되지 않은 누름버튼 스위치는 자동복귀형 스위치를 사용하시오. (단, 비상정지 스위치 등 해제 동작이 필요한 스위치는 유지형 스위치를 사용할 수 있습니다.)

6) 모든 동작은 전원을 유지한 상태에서 재동작이 가능하도록 회로를 구성하시오.

다. 기본제어동작

1) 초기 상태에서 PB2 스위치를 ON-OFF 한 후 시작 스위치(PB1)를 ON-OFF 하면 다음 변위
   단계선도와 같이 동작합니다.

2) 변위-단계선도

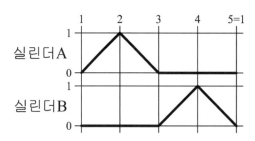

라. 응용제어동작

※ 기본제어동작을 다음 조건과 같이 변경하시오.

1) 타이머 및 압력 스위치를 추가하여 다음과 같이 동작합니다.

가) 기존 회로에 타이머를 사용하여 다음 변위단계선도와 같이 동작되도록 합니다.

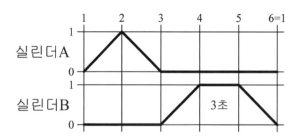

나) 실린더 A가 전진 완료 후 전진 측 공급압력이 3 MPa(30 kgf/cm²) 이상 되어야 실린더 A
   가 후진되도록 압력 스위치를 사용하여 회로를 구성합니다.

2) 실린더 A, B의 전진 속도를 meter-out 방법에 의해 조정할 수 있게 유압 회로도를 구성합니다.

2. 유압 회로도 및 전기 회로도

○ 유압 회로도

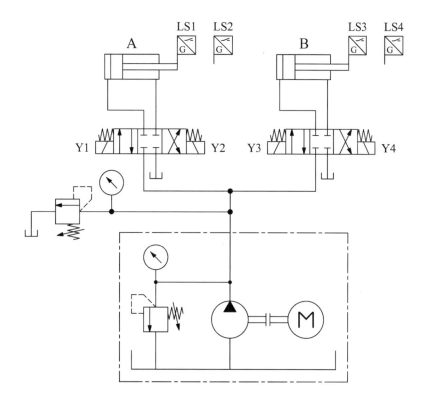

○ 전기 회로도

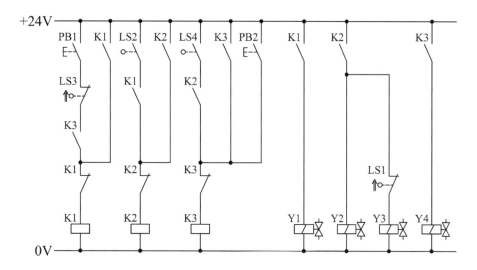

3. 전기유압회로 설계 및 구성작업 풀이

가. 기본제어동작

○ 기본제어동작 분석

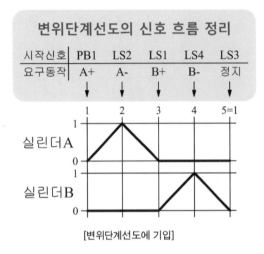

[변위단계선도에 기입]

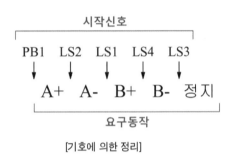

[기호에 의한 정리]

○ 전기회로도 오류 수정

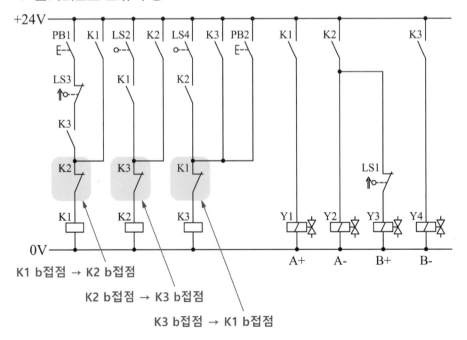

K1 b접점 → K2 b접점

K2 b접점 → K3 b접점

K3 b접점 → K1 b접점

나. 응용제어동작

○ 유압 회로도 변경

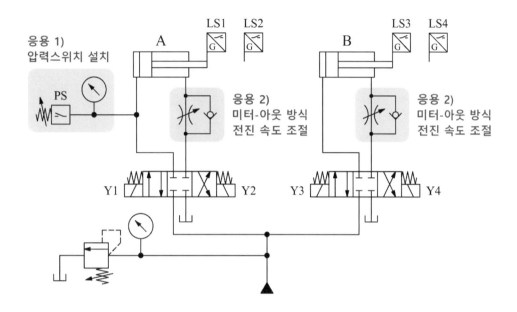

○ 전기 회로도 변경

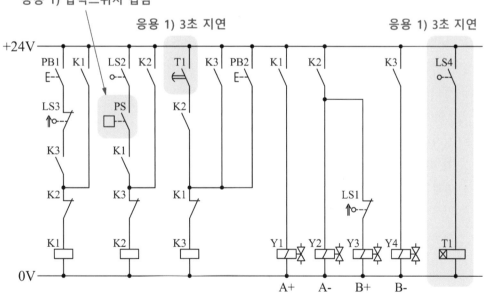

[공개 11]

자격 종목	설비보전기사	과제명	전기공기압회로 설계 및 구성작업

※ 시험 시간: [제1과제] 1시간

1. 요구사항

※ 지급된 재료 및 시설을 사용하여 아래 작업을 완성하시오.

※ 작품을 제출한 후에는 재작업을 할 수 없음을 유의하여 작업하시오.

가. 공기압 기기 배치

1) 공기압 회로도와 같이 공기압 기기를 선정하여 고정판에 배치하시오. (단, 공기압 기기는 수평 또는 수직 방향으로 수험자가 임의로 배치하고, 리밋 스위치는 방향성을 고려하여 설치하시오.)

2) 공기압 호스를 적절한 길이로 절단 및 사용하여 기기를 연결하시오. (단, 공기압 호스가 시스템 동작에 영향을 주지 않도록 정리하시오.)

3) 작업압력(서비스 유닛)을 0.5±0.05 MPa로 설정하시오.

4) 실린더A 동작은 유도형 센서나 용량형 센서를 사용하고, 실린더B 동작은 전기 리밋 스위치를 사용하여 구성하시오.

5) 작업이 완료된 상태에서 압축공기를 공급했을 때 공기 누설이 발생하지 않도록 하시오.

나. 공기압 회로 설계 및 구성

1) 주어진 전기회로도 중 오류 부분은 수험자가 정정하여 기본제어동작을 만족하도록 시스템을 구성하시오. (단, 릴레이의 개수가 증가되거나 감소되지 않도록 작업하시오.)

2) 응용제어동작을 만족하도록 시스템을 변경하시오.

3) 전기 배선은 전원의 극성에 따라 +24V는 적색, 0V는 청색(또는 흑색)의 리드선을 구별하여 사용하시오.

4) 작업이 완료된 상태에서 전원을 투입했을 때 쇼트가 발생하지 않도록 하시오.

5) 지정되지 않은 누름버튼 스위치는 자동복귀형 스위치를 사용하시오. (단, 비상정지 스위치 등 해제 동작이 필요한 스위치는 유지형 스위치를 사용할 수 있습니다.)

6) 모든 동작은 전원을 유지한 상태에서 재동작이 가능하도록 회로를 구성하시오.

다. 기본제어동작

1) 초기 상태에서 시작 스위치(PB1)를 ON-OFF 하면 아래 변위단계선도와 같이 동작합니다.

2) 변위-단계선도

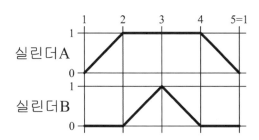

라. 응용제어동작

※ 기본제어동작을 다음 조건과 같이 변경하시오.

1) 연속동작 스위치(PB2) 및 연속정지 스위치(PB3)를 추가하여 다음과 같이 동작하도록 합니다.

　가) 연속동작 스위치를 ON-OFF 하면 기본제어동작이 연속 사이클로 동작되어야 하고 연속 정지 스위치를 ON-OFF 하면 실린더는 전부 후진한 후 정지합니다.

2) 비상 스위치(PB4)를 추가하여 다음과 같이 동작토록 합니다.

　가) 비상 스위치를 누르면 실린더 A는 전진하고 실린더 B는 후진되어야 합니다.

3) 실린더 A의 전후진 속도와 실린더 B의 전후진 속도가 같도록 배기공기 교축(meter-out) 방법에 의해 조정합니다.

2. 공기압 회로도 및 전기 회로도

○ 공기압 회로도

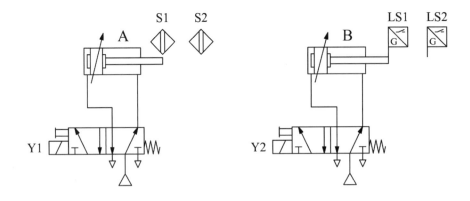

○ 전기 회로도

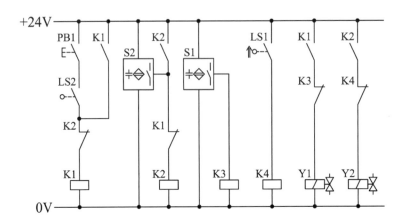

3. 전기공기압회로 설계 및 구성작업 풀이

가. 기본제어동작

○ 기본제어동작 분석

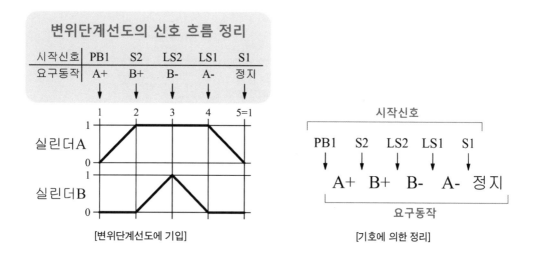

○ 전기회로도 오류 수정(전기회로 설계 방법 1 참조)

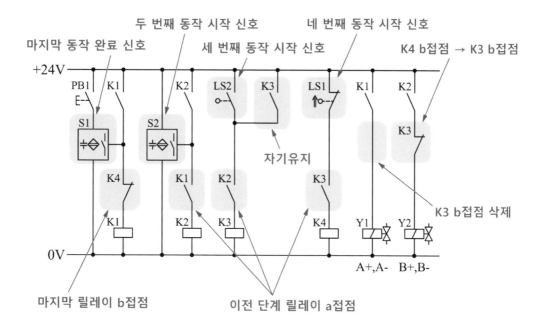

나. 응용제어동작

○ 공기압 회로도 변경

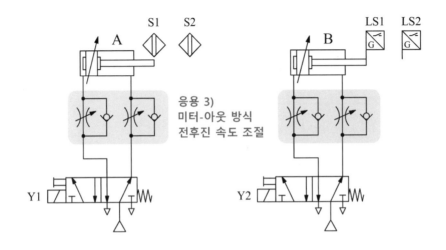

○ 전기 회로도 변경

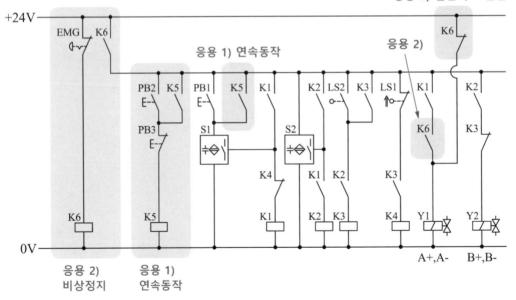

[공개 11]

자격 종목	설비보전기사	과제명	전기유압회로 설계 및 구성작업

※ 시험 시간: [제2과제] 1시간

1. 요구사항

※ 지급된 재료 및 시설을 사용하여 아래 작업을 완성하시오.

※ 작품을 제출한 후에는 재작업을 할 수 없음을 유의하여 작업하시오.

가. 유압 기기 배치

1) 유압 회로도와 같이 유압기기를 선정하여 고정판에 배치하시오. (단, 유압 기기는 수평 또는 수직 방향으로 수험자가 임의로 배치하고, 리밋 스위치는 방향성을 고려하여 설치하시오.)

2) 유압 호스를 사용하여 기기를 연결하시오. (단, 유압 호스가 시스템 동작에 영향을 주지 않도록 정리하시오.)

3) 유압 공급압력은 4±0.2 MPa로 설정하시오.

4) 작업이 완료된 상태에서 유압을 공급했을 때 유압유의 누설이 발생하지 않도록 하시오.

나. 유압 회로 설계 및 구성

1) 주어진 전기회로도 중 오류 부분은 수험자가 정정하여 기본제어동작을 만족하도록 시스템을 구성하시오. (단, 릴레이의 개수가 증가되거나 감소되지 않도록 작업하시오.)

2) 응용제어동작을 만족하도록 시스템을 변경하시오.

3) 전기 배선은 전원의 극성에 따라 +24V는 적색, 0V는 청색(또는 흑색)의 리드선을 구별하여 사용하시오.

4) 작업이 완료된 상태에서 전원을 투입했을 때 쇼트가 발생하지 않도록 하시오.

5) 지정되지 않은 누름버튼 스위치는 자동복귀형 스위치를 사용하시오. (단, 비상정지 스위치 등 해제 동작이 필요한 스위치는 유지형 스위치를 사용할 수 있습니다.)

6) 모든 동작은 전원을 유지한 상태에서 재동작이 가능하도록 회로를 구성하시오.

다. 기본제어동작

1) 초기 상태에서 PB1 스위치를 ON-OFF 하면 다음 변위단계선도와 같이 동작합니다.

2) 변위-단계선도

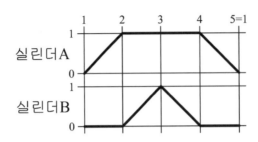

라. 응용제어동작

※ 기본제어동작을 다음 조건과 같이 변경하시오.

1) 누름버튼 스위치를 추가하여 다음과 같이 동작합니다.

가) 누름버튼 스위치1(PB2)를 1회 ON-OFF 하면 기본제어동작이 연속동작 하여야 합니다.

나) 누름버튼 스위치2(PB3)를 1회 ON-OFF 하면 행정이 완료된 후 정지하여야 합니다.

다) 타이머를 사용하여 실린더 B가 전진 완료하면 3초 후에 후진하도록 회로를 구성합니다.

2) 실린더 A, B의 전진 속도를 meter-out 방법에 의해 조정할 수 있게 유압 회로도를 구성합니다.

2. 유압 회로도 및 전기 회로도

○ 유압 회로도

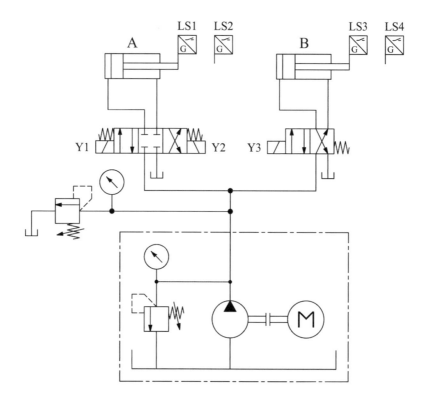

○ 전기 회로도

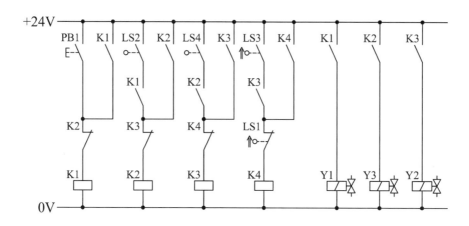

3. 전기유압회로 설계 및 구성작업 풀이

가. 기본제어동작

○ 기본제어동작 분석

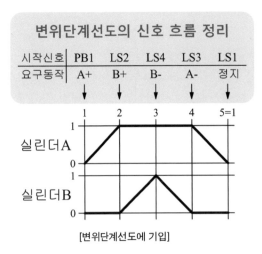

[변위단계선도에 기입]

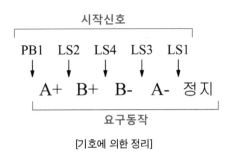

[기호에 의한 정리]

○ 전기회로도 오류 수정

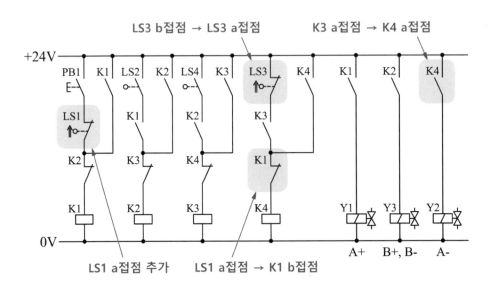

나. 응용제어동작

○ 유압 회로도 변경

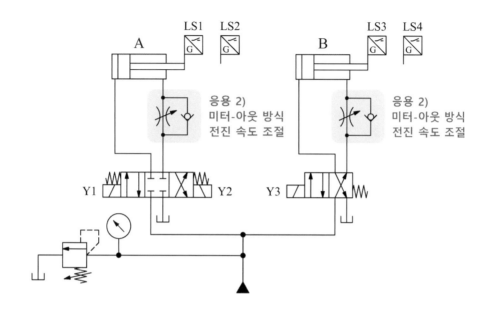

○ 전기 회로도 변경

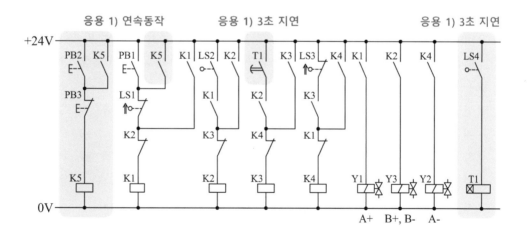

[공개 12]

자격 종목	설비보전기사	과제명	전기공기압회로 설계 및 구성작업

※ 시험 시간: [제1과제] 1시간

1. 요구사항

※ 지급된 재료 및 시설을 사용하여 아래 작업을 완성하시오.

※ 작품을 제출한 후에는 재작업을 할 수 없음을 유의하여 작업하시오.

가. 공기압 기기 배치

1) 공기압 회로도와 같이 공기압기기를 선정하여 고정판에 배치하시오. (단, 공기압 기기는 수평 또는 수직 방향으로 수험자가 임의로 배치하고, 리밋 스위치는 방향성을 고려하여 설치하시오.)

2) 공기압 호스를 적절한 길이로 절단 및 사용하여 기기를 연결하시오. (단, 공기압 호스가 시스템 동작에 영향을 주지 않도록 정리하시오.)

3) 작업압력(서비스 유닛)을 0.5±0.05 MPa로 설정하시오.

4) 실린더A 동작은 유도형 센서나 용량형 센서를 사용하고, 실린더B 동작은 전기 리밋 스위치를 사용하여 구성하시오.

5) 작업이 완료된 상태에서 압축공기를 공급했을 때 공기 누설이 발생하지 않도록 하시오.

나. 공기압 회로 설계 및 구성

1) 주어진 전기회로도 중 오류 부분은 수험자가 정정하여 기본제어동작을 만족하도록 시스템을 구성하시오. (단, 릴레이의 개수가 증가되거나 감소되지 않도록 작업하시오.)

2) 응용제어동작을 만족하도록 시스템을 변경하시오.

3) 전기 배선은 전원의 극성에 따라 +24V는 적색, 0V는 청색(또는 흑색)의 리드선을 구별하여 사용하시오.

4) 작업이 완료된 상태에서 전원을 투입했을 때 쇼트가 발생하지 않도록 하시오.

5) 지정되지 않은 누름버튼 스위치는 자동복귀형 스위치를 사용하시오. (단, 비상정지 스위치 등 해제 동작이 필요한 스위치는 유지형 스위치를 사용할 수 있습니다.)

6) 모든 동작은 전원을 유지한 상태에서 재동작이 가능하도록 회로를 구성하시오.

다. 기본제어동작

1) 초기 상태에서 리셋 스위치(PB2)를 ON-OFF한 후 시작 스위치(PB1)를 ON-OFF 하면 다음 변위단계선도와 같이 동작합니다.

2) 변위-단계선도

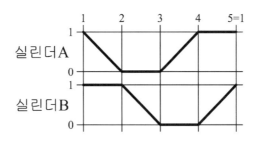

라. 응용제어동작

※ 기본제어동작을 다음 조건과 같이 변경하시오.

1) 타이머를 사용하여 다음과 같이 동작되도록 해야 합니다.

　가) 실린더 A가 후진 완료 후 실린더 B가 후진하고, 실린더 A가 전진 완료 후 3초 후에 실린더 B가 전진 완료하고 정지합니다.

2) 기존의 시작 스위치, 리셋 스위치 외에 연속동작 스위치(반드시 회로를 구성하고 잠금장치 스위치는 사용불가)와 카운터를 사용하여 연속 사이클(반복 자동사이클) 회로를 구성하여 다음과 같이 동작되도록 합니다.

　가) 연속동작 스위치를 누르면 연속 사이클(반복 자동사이클)로 계속 동작 합니다.

　나) 연속 사이클 횟수를 3회로 설정하고 그 사이클이 완료된 후 정지하여야 합니다.

　다) 리셋 스위치를 ON-OFF하면 실린더 및 카운터는 초기화되도록 합니다.

3) 실린더 A는 전진 속도, B는 후진 속도를 조절하기 위한 meter-out 회로를 구성하고 조정합니다.

2. 공기압 회로도 및 전기 회로도

○ 공기압 회로도

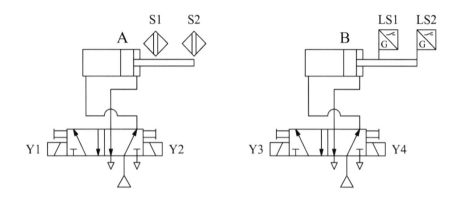

○ 전기 회로도

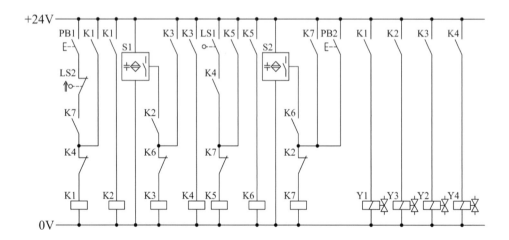

3. 전기공기압회로 설계 및 구성작업 풀이

가. 기본제어동작

○ 기본제어동작 분석

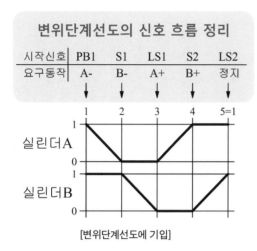

[변위단계선도에 기입]

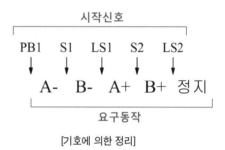

[기호에 의한 정리]

○ 전기회로도 오류 수정

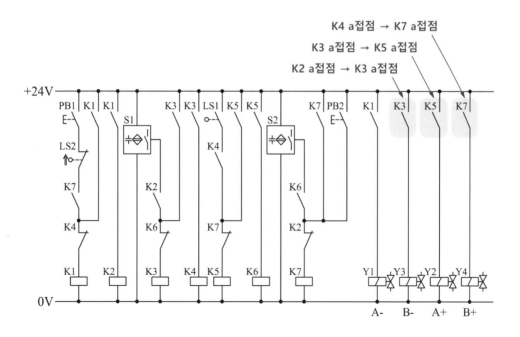

나. 응용제어동작

○ 공기압 회로도 변경

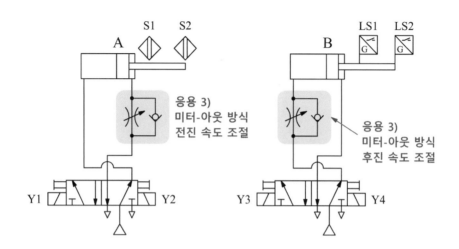

○ 전기 회로도 변경

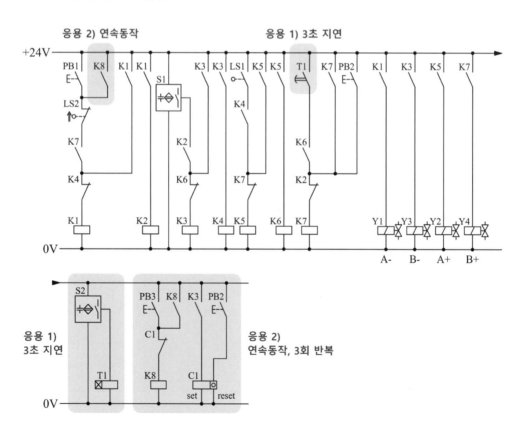

자격 종목	설비보전기사	과제명	전기유압회로 설계 및 구성작업

※ 시험 시간: [제2과제] 1시간

1. 요구사항

※ 지급된 재료 및 시설을 사용하여 아래 작업을 완성하시오.

※ 작품을 제출한 후에는 재작업을 할 수 없음을 유의하여 작업하시오.

가. 유압 기기 배치

1) 유압 회로도와 같이 유압 기기를 선정하여 고정판에 배치하시오. (단, 유압 기기는 수평 또는 수직 방향으로 수험자가 임의로 배치하고, 리밋 스위치는 방향성을 고려하여 설치하시오.)

2) 유압 호스를 사용하여 기기를 연결하시오. (단, 유압 호스가 시스템 동작에 영향을 주지 않도록 정리하시오.)

3) 유압 공급압력은 4±0.2 MPa로 설정하시오.

4) 작업이 완료된 상태에서 유압을 공급했을 때 유압유의 누설이 발생하지 않도록 하시오.

나. 유압 회로 설계 및 구성

1) 주어진 전기회로도 중 오류 부분은 수험자가 정정하여 기본제어동작을 만족하도록 시스템을 구성하시오. (단, 릴레이의 개수가 증가되거나 감소되지 않도록 작업하시오.)

2) 응용제어동작을 만족하도록 시스템을 변경하시오.

3) 전기 배선은 전원의 극성에 따라 +24V는 적색, 0V는 청색(또는 흑색)의 리드선을 구별하여 사용하시오.

4) 작업이 완료된 상태에서 전원을 투입했을 때 쇼트가 발생하지 않도록 하시오.

5) 지정되지 않은 누름버튼 스위치는 자동복귀형 스위치를 사용하시오. (단, 비상정지 스위치 등 해제 동작이 필요한 스위치는 유지형 스위치를 사용할 수 있습니다.)

6) 모든 동작은 전원을 유지한 상태에서 재동작이 가능하도록 회로를 구성하시오.

다. 기본제어동작

1) 초기 상태에서 시작 스위치(PB1)를 ON-OFF 하면 유압실린더 A가 전진과 동시에 유압모터 B는 시계 방향으로 회전하고 유압실린더 A가 전진 완료 후, 후진과 동시에 유압모터 B는 반시계 방향으로 회전하며 유압실린더 A가 후진 완료되면 유압모터 B는 정지되어야 합니다.

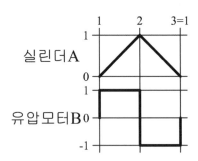

라. 응용제어동작

※ 기본제어동작을 다음 조건과 같이 변경하시오.

1) 연속동작 스위치(PB2)와 연속정지 스위치(PB3)를 추가하여 다음과 같이 동작되도록 하여야 합니다.

　가) 연속동작 스위치(PB2)를 1회 ON-OFF 하면 기본제어동작이 연속(반복 자동행정)으로 동작합니다.

　나) 연속정지 스위치(PB3)를 1회 ON-OFF 하면 실린더 A는 전진 완료 후 정지하고, 모터 B는 즉시 정지하여야 합니다.

2) 유압실린더 A의 전 · 후진 속도를 meter-in 방법에 의해 조정할 수 있게 유압회로를 변경하고, 전진 속도는 7초, 후진 속도 5초가 되도록 조정하고, 유압모터 B의 정 · 역방향 회전 속도가 동일하도록 압력 라인에 양방향 유량제어밸브를 설치하여 속도를 조정할 수 있게 유압회로를 변경하고 조정합니다.

2. 유압 회로도 및 전기 회로도

○ 유압 회로도

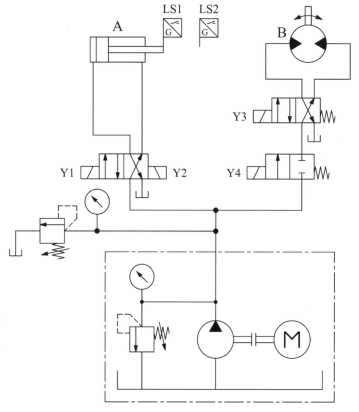

○ 전기 회로도

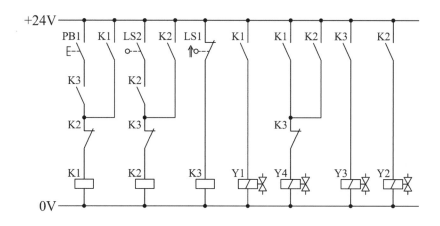

3. 전기유압회로 설계 및 구성작업 풀이

가. 기본제어동작

○ 기본제어동작 분석

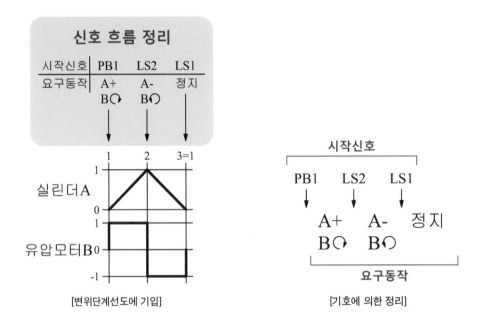

[변위단계선도에 기입]

[기호에 의한 정리]

○ 전기회로도 오류 수정

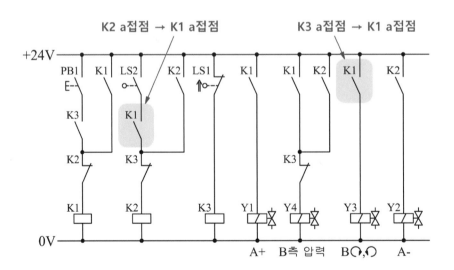

나. 응용제어동작

○ 유압 회로도 변경

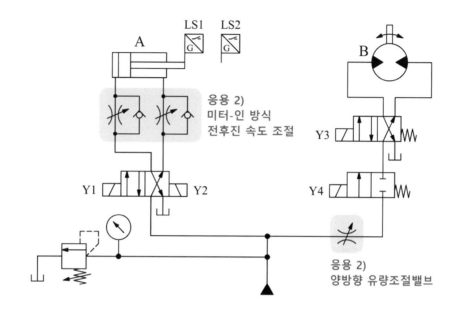

○ 전기 회로도 변경

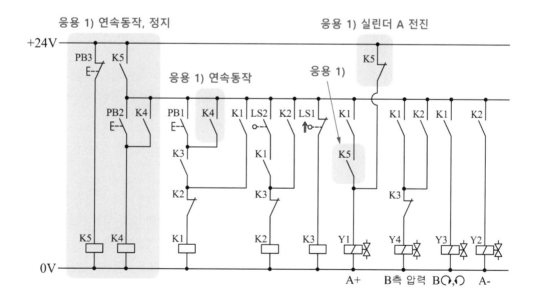

[공개 13]

자격 종목	설비보전기사	과제명	전기공기압회로 설계 및 구성작업

※ 시험 시간: [제1과제] 1시간

1. 요구사항

※ 지급된 재료 및 시설을 사용하여 아래 작업을 완성하시오.

※ 작품을 제출한 후에는 재작업을 할 수 없음을 유의하여 작업하시오.

가. 공기압 기기 배치

1) 공기압 회로도와 같이 공기압 기기를 선정하여 고정판에 배치하시오. (단, 공기압 기기는 수평 또는 수직 방향으로 수험자가 임의로 배치하고, 리밋 스위치는 방향성을 고려하여 설치하시오.)

2) 공기압 호스를 적절한 길이로 절단 및 사용하여 기기를 연결하시오. (단, 공기압 호스가 시스템 동작에 영향을 주지 않도록 정리하시오.)

3) 작업압력(서비스 유닛)을 0.5±0.05 MPa로 설정하시오.

4) 실린더A 동작은 유도형 센서나 용량형 센서를 사용하고, 실린더B 동작은 전기 리밋 스위치를 사용하여 구성하시오.

5) 작업이 완료된 상태에서 압축공기를 공급했을 때 공기 누설이 발생하지 않도록 하시오.

나. 공기압 회로 설계 및 구성

1) 주어진 전기회로도 중 오류 부분은 수험자가 정정하여 기본제어동작을 만족하도록 시스템을 구성하시오. (단, 릴레이의 개수가 증가되거나 감소되지 않도록 작업하시오.)

2) 응용제어동작을 만족하도록 시스템을 변경하시오.

3) 전기 배선은 전원의 극성에 따라 +24V는 적색, 0V는 청색(또는 흑색)의 리드선을 구별하여 사용하시오.

4) 작업이 완료된 상태에서 전원을 투입했을 때 쇼트가 발생하지 않도록 하시오.

5) 지정되지 않은 누름버튼 스위치는 자동복귀형 스위치를 사용하시오. (단, 비상정지 스위치 등 해제 동작이 필요한 스위치는 유지형 스위치를 사용할 수 있습니다.)

6) 모든 동작은 전원을 유지한 상태에서 재동작이 가능하도록 회로를 구성하시오.

다. 기본제어동작

1) 초기 상태에서 시작 스위치(PB1)를 ON-OFF 하면 다음 변위단계선도와 같이 동작합니다.

2) 변위-단계선도

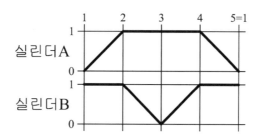

라. 응용제어동작

※ 기본제어동작을 다음 조건과 같이 변경하시오.

1) 타이머를 사용하여 다음과 같이 동작되도록 해야 합니다.

　가) 실린더 A가 전진 완료 후 실린더 B가 후진하고, 실린더 B가 전진 완료 후 3초 후에 실린더 A가 후진 완료하고 정지합니다.

2) 기존의 시작 스위치 외에 연속동작 스위치(PB2)와 카운터를 사용하여 연속 사이클(반복 자동 행정) 회로를 구성하여 다음과 같이 동작되도록 합니다.

　가) 연속동작 스위치를 누르면 연속 사이클(반복 자동 사이클)로 계속 동작합니다.

　나) 연속 사이클 횟수를 3회로 설정하고 그 사이클이 완료된 후 정지하여야 합니다.

　다) 연속동작 중에 비상정지 스위치(PB3)를 누르면 실린더 A와 실린더 B 모두 후진하여 정지합니다.

　라) 카운터 리셋 스위치(PB4)를 누르면 카운터는 0으로 리셋되도록 합니다.

3) 실린더 A, B 전진 속도를 조절하기 위한 meter-out 회로를 구성하고 조정합니다.

2. 공기압 회로도 및 전기 회로도

○ 공기압 회로도

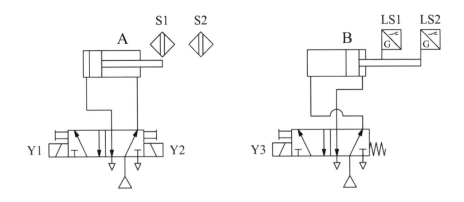

○ 전기 회로도

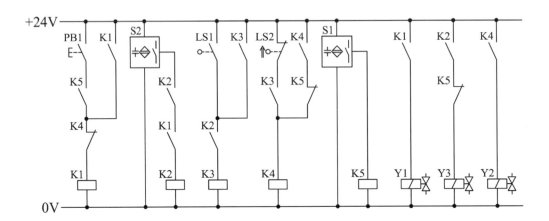

3. 전기공기압회로 설계 및 구성작업 풀이

가. 기본제어동작

○ 기본제어동작 분석

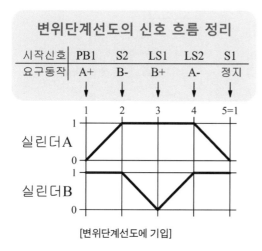

변위단계선도의 신호 흐름 정리					
시작신호	PB1	S2	LS1	LS2	S1
요구동작	A+	B-	B+	A-	정지

[변위단계선도에 기입]

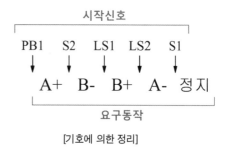

[기호에 의한 정리]

○ 전기회로도 오류 수정

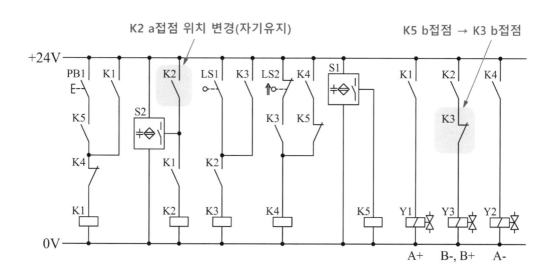

나. 응용제어동작

○ 공기압 회로도 변경

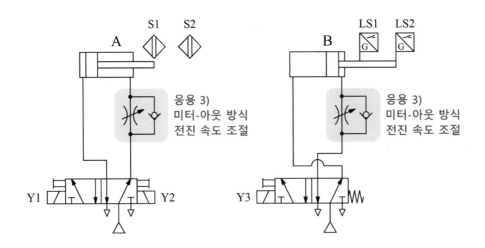

○ 전기 회로도 변경

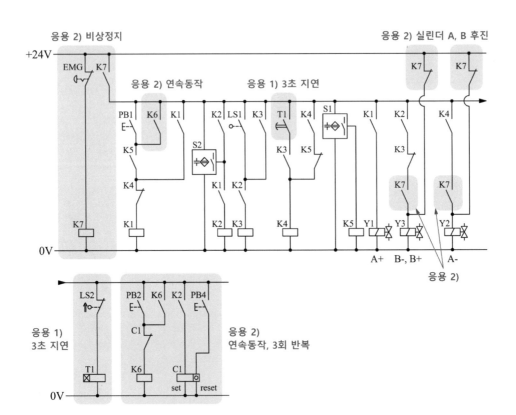

자격 종목	설비보전기사	과제명	전기유압회로 설계 및 구성작업

※ 시험 시간: [제2과제] 1시간

1. 요구사항

※ 지급된 재료 및 시설을 사용하여 아래 작업을 완성하시오.

※ 작품을 제출한 후에는 재작업을 할 수 없음을 유의하여 작업하시오.

가. 유압 기기 배치

1) 유압 회로도와 같이 유압 기기를 선정하여 고정판에 배치하시오. (단, 유압 기기는 수평 또는 수직 방향으로 수험자가 임의로 배치하고, 리밋 스위치는 방향성을 고려하여 설치하시오.)

2) 유압 호스를 사용하여 기기를 연결하시오. (단, 유압 호스가 시스템 동작에 영향을 주지 않도록 정리하시오.)

3) 유압 공급압력은 4±0.2 MPa로 설정하시오.

4) 작업이 완료된 상태에서 유압을 공급했을 때 유압유의 누설이 발생하지 않도록 하시오.

나. 유압 회로 설계 및 구성

1) 주어진 전기회로도 중 오류 부분은 수험자가 정정하여 기본제어동작을 만족하도록 시스템을 구성하시오. (단, 릴레이의 개수가 증가되거나 감소되지 않도록 작업하시오.)

2) 응용제어동작을 만족하도록 시스템을 변경하시오.

3) 전기 배선은 전원의 극성에 따라 +24V는 적색, 0V는 청색(또는 흑색)의 리드선을 구별하여 사용하시오.

4) 작업이 완료된 상태에서 전원을 투입했을 때 쇼트가 발생하지 않도록 하시오.

5) 지정되지 않은 누름버튼 스위치는 자동복귀형 스위치를 사용하시오. (단, 비상정지 스위치 등 해제 동작이 필요한 스위치는 유지형 스위치를 사용할 수 있습니다.)

6) 모든 동작은 전원을 유지한 상태에서 재동작이 가능하도록 회로를 구성하시오.

다. 기본제어동작

1) 초기 상태에서 시작 스위치(PB1)를 ON-OFF 하면 다음 변위단계선도와 같이 동작합니다.

2) 변위단계선도

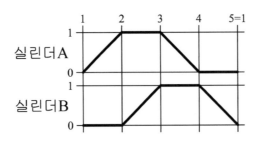

라. 응용제어동작

※ 기본제어동작을 다음 조건과 같이 변경하시오.

1) 연속동작 스위치(PB2)와 카운터 릴레이 및 기타 부품을 추가하여 다음과 같이 동작되도록 하여야 합니다.

　가) 연속동작 스위치(PB2)를 1회 ON-OFF 하면 기본제어동작이 연속(반복 자동행정)으로 3회 동작되도록 하여야 합니다.

　나) 연속동작 스위치(PB2)를 1회 ON-OFF 하면 연속동작이 처음부터 다시 이루어져야 합니다.

2) 실린더 A가 전진할 때 전진 측에 압력제어밸브(릴리프밸브)를 설치, 안전 회로를 구성하고 압력은 3 MPa(30 kgf/cm²)로 설정 회로를 구성하고, 실린더 B의 후진 속도가 5초가 되도록 meter-out 회로를 구성하여 속도를 조정합니다.

2. 유압 회로도 및 전기 회로도

○ 유압 회로도

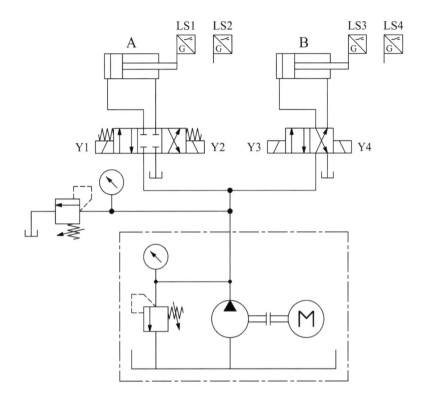

○ 전기 회로도

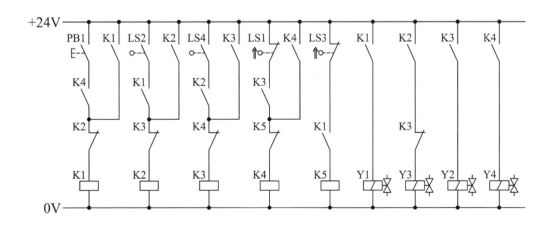

3. 전기유압회로 설계 및 구성작업 풀이

가. 기본제어동작

○ 기본제어동작 분석

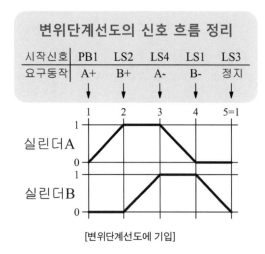

[변위단계선도에 기입]

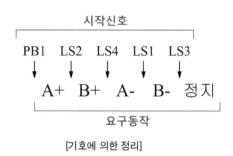

[기호에 의한 정리]

○ 전기회로도 오류 수정

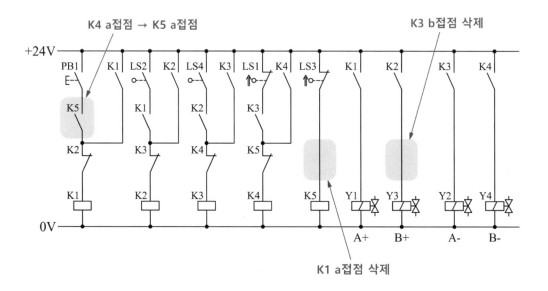

나. 응용제어동작

○ 유압 회로도 변경

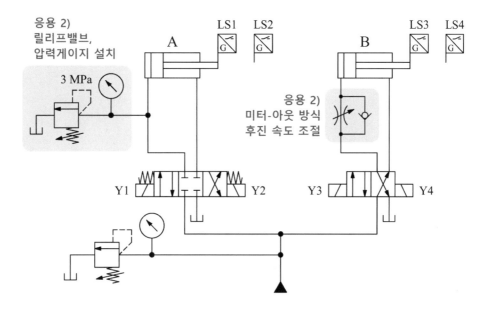

○ 전기 회로도 변경

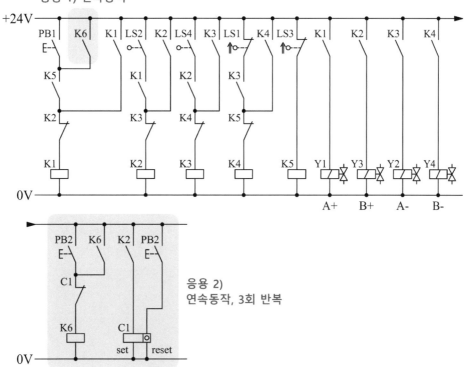

자격 종목	설비보전기사	과제명	전기공기압회로 설계 및 구성작업

※ 시험 시간: [제1과제] 1시간

1. 요구사항

※ 지급된 재료 및 시설을 사용하여 아래 작업을 완성하시오.

※ 작품을 제출한 후에는 재작업을 할 수 없음을 유의하여 작업하시오.

가. 공기압 기기 배치

1) 공기압 회로도와 같이 공기압 기기를 선정하여 고정판에 배치하시오. (단, 공기압 기기는 수평 또는 수직 방향으로 수험자가 임의로 배치하고, 리밋 스위치는 방향성을 고려하여 설치하시오.)

2) 공기압 호스를 적절한 길이로 절단 및 사용하여 기기를 연결하시오. (단, 공기압 호스가 시스템 동작에 영향을 주지 않도록 정리하시오.)

3) 작업압력(서비스 유닛)을 0.5±0.05 MPa로 설정하시오.

4) 실린더A 동작은 유도형 센서나 용량형 센서를 사용하고, 실린더B 동작은 전기 리밋 스위치를 사용하여 구성하시오.

5) 작업이 완료된 상태에서 압축공기를 공급했을 때 공기 누설이 발생하지 않도록 하시오.

나. 공기압 회로 설계 및 구성

1) 주어진 전기회로도 중 오류 부분은 수험자가 정정하여 기본제어동작을 만족하도록 시스템을 구성하시오. (단, 릴레이의 개수가 증가되거나 감소되지 않도록 작업하시오.)

2) 응용제어동작을 만족하도록 시스템을 변경하시오.

3) 전기 배선은 전원의 극성에 따라 +24V는 적색, 0V는 청색(또는 흑색)의 리드선을 구별하여 사용하시오.

4) 작업이 완료된 상태에서 전원을 투입했을 때 쇼트가 발생하지 않도록 하시오.

5) 지정되지 않은 누름버튼 스위치는 자동복귀형 스위치를 사용하시오. (단, 비상정지 스위치 등 해제 동작이 필요한 스위치는 유지형 스위치를 사용할 수 있습니다.)

6) 모든 동작은 전원을 유지한 상태에서 재동작이 가능하도록 회로를 구성하시오.

다. 기본제어동작

1) 초기 상태에서 시작 스위치(PB1)를 ON-OFF 하면 다음 변위단계선도와 같이 동작합니다.

2) 변위-단계선도

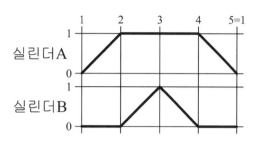

라. 응용제어동작

※ 기본제어동작을 다음 조건과 같이 변경하시오.

1) 기존 회로에 타이머를 사용하여 다음 변위단계선도와 같이 동작되도록 합니다.

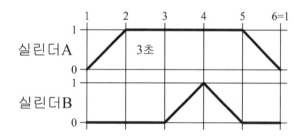

2) 연속 스위치와 비상 스위치를 추가하여 다음과 같이 동작하도록 합니다.

　가) 연속 스위치를 선택하면 기본제어동작이 연속 사이클로 동작되어야 합니다.

　나) 연속 작업에서 비상 스위치가 동작되면 모든 실린더는 후진되어야 합니다.

　다) 비상 스위치를 해제하면 시스템은 초기화되어야 합니다.

3) 실린더 A의 전·후진 속도와 실린더 B의 전·후진 속도를 조절할 수 있도록 배기교축 (meter-out) 회로를 추가합니다.

2. 공기압 회로도 및 전기 회로도

○ 공기압 회로도

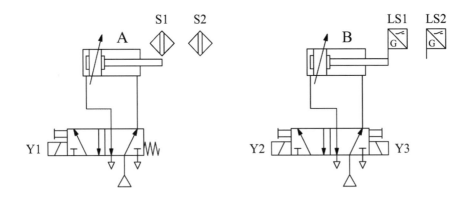

○ 전기 회로도

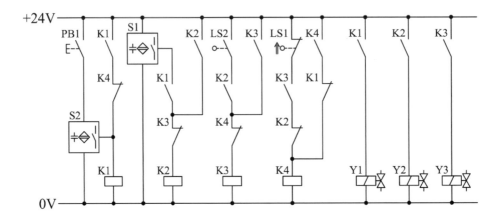

3. 전기공기압회로 설계 및 구성작업 풀이

가. 기본제어동작

○ 기본제어동작 분석

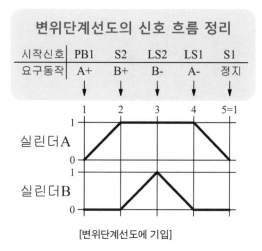

[변위단계선도에 기입]

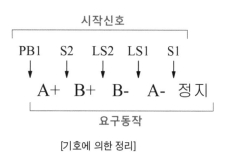

[기호에 의한 정리]

○ 전기회로도 오류 수정

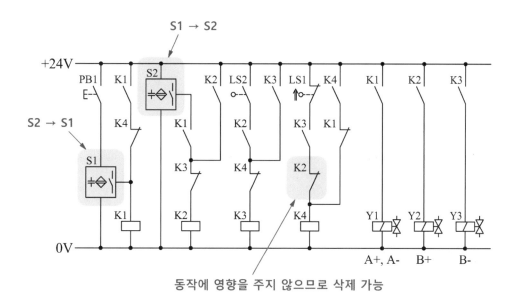

동작에 영향을 주지 않으므로 삭제 가능

나. 응용제어동작

○ 공기압 회로도 변경

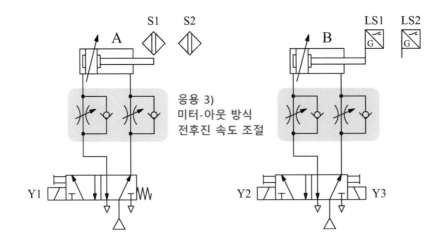

응용 3)
미터-아웃 방식
전후진 속도 조절

○ 전기 회로도 변경

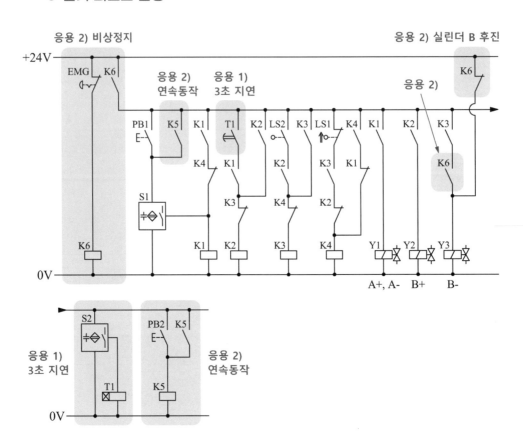

[공개 14]

자격 종목	설비보전기사	과제명	전기유압회로 설계 및 구성작업

※ 시험 시간: [제2과제] 1시간

1. 요구사항

※ 지급된 재료 및 시설을 사용하여 아래 작업을 완성하시오.

※ 작품을 제출한 후에는 재작업을 할 수 없음을 유의하여 작업하시오.

가. 유압 기기 배치

1) 유압 회로도와 같이 유압 기기를 선정하여 고정판에 배치하시오. (단, 유압 기기는 수평 또는 수직 방향으로 수험자가 임의로 배치하고, 리밋 스위치는 방향성을 고려하여 설치하시오.)

2) 유압 호스를 사용하여 기기를 연결하시오. (단, 유압 호스가 시스템 동작에 영향을 주지 않도록 정리하시오.)

3) 유압 공급압력은 4±0.2 MPa로 설정하시오.

4) 작업이 완료된 상태에서 유압을 공급했을 때 유압유의 누설이 발생하지 않도록 하시오.

나. 유압 회로 설계 및 구성

1) 주어진 전기회로도 중 오류 부분은 수험자가 정정하여 기본제어동작을 만족하도록 시스템을 구성하시오. (단, 릴레이의 개수가 증가되거나 감소되지 않도록 작업하시오.)

2) 응용제어동작을 만족하도록 시스템을 변경하시오.

3) 전기 배선은 전원의 극성에 따라 +24V는 적색, 0V는 청색(또는 흑색)의 리드선을 구별하여 사용하시오.

4) 작업이 완료된 상태에서 전원을 투입했을 때 쇼트가 발생하지 않도록 하시오.

5) 지정되지 않은 누름버튼 스위치는 자동복귀형 스위치를 사용하시오. (단, 비상정지 스위치 등 해제 동작이 필요한 스위치는 유지형 스위치를 사용할 수 있습니다.)

6) 모든 동작은 전원을 유지한 상태에서 재동작이 가능하도록 회로를 구성하시오.

다. 기본제어동작

1) 초기상태에서 PB2(유지형 스위치 가능)를 ON하면 램프 1이 점등되고, PB2를 해제(OFF)하면 램프 1이 소등됩니다. 시작스위치(PB1)을 ON-OFF하면 실린더 A가 전진하고 실린더 A가 전진 완료 후 유압모터 B가 회전합니다.

PB2를 ON하면 램프 1 점등, 실린더 A 후진, 유압모터 정지가 동시에 이루어집니다. 작동이 완료되면 PB2를 해제(OFF)하여 초기상태로 되어야 합니다.

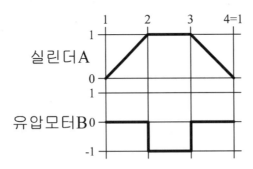

라. 응용제어동작

※ 기본제어동작을 다음 조건과 같이 변경하시오.

1) 비상정지 스위치(유지형 스위치 가능) 및 기타 부품을 추가하여 다음과 같이 동작되도록 합니다.

  가) 기본제어동작 상태에서 비상정지 스위치(PB3)를 한번 누르면(ON) 동작이 즉시 정지되어야 합니다.

  나) 비상정지 스위치가 동작 중일 때는 작업자가 알 수 있도록 램프 2가 점등되고, 비상정지 스위치를 해제하면 램프 2가 소등됩니다.

  다) PB2를 이용하여 시스템을 초기화합니다.

  라) 시스템이 초기화된 이후에는 기본제어동작이 되어야 합니다.

2) 실린더 A의 전진 속도는 meter-out, 유압모터 B의 회전 속도는 meter-in 방법에 의해 조정할 수 있게 유압회로도를 변경합니다.

2. 유압 회로도 및 전기 회로도

○ 유압 회로도

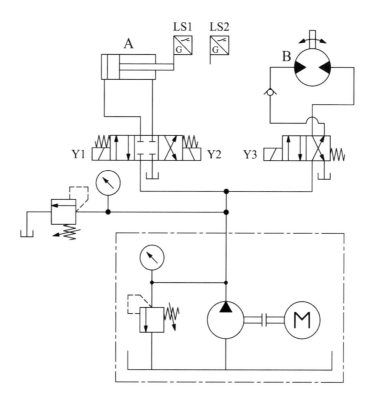

○ 전기 회로도

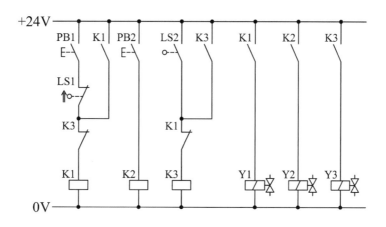

3. 전기유압회로 설계 및 구성작업 풀이

가. 기본제어동작

○ 기본제어동작 분석

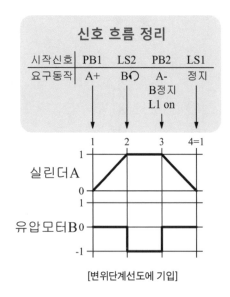

[변위단계선도에 기입]

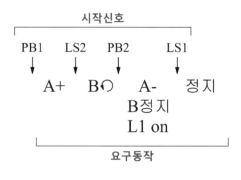

[기호에 의한 정리]

○ 전기회로도 오류 수정

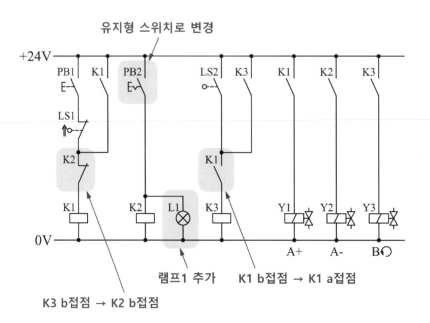

나. 응용제어동작

○ 유압 회로도 변경

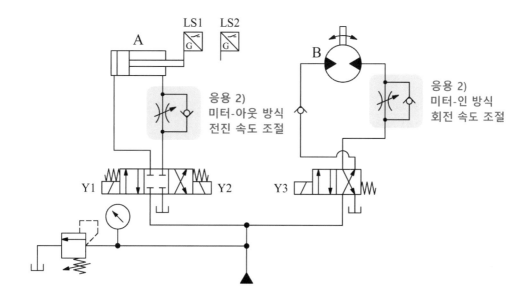

○ 전기 회로도 변경

응용 1) 비상정지, 램프 점등

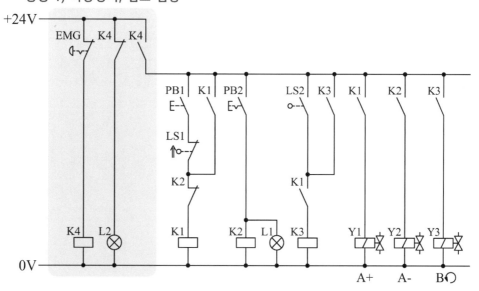

[참고문헌]

§ ISO 1219-1, Fluid power systems and components – Graphic symbols and circuit diagrams – Part 1 : Graphic symbols for conventional use and data-processing applications, 2006.

§ ISO 1219-2, Fluid power systems and components – Graphic symbols and circuit diagrams – Part 2 : Circuit diagrams, 2012.

§ 허준영, 이인석, 유압제어, 유압제어연구회, 2003.

§ 김원회, 신형운, 김철수, 체계적 공압 기술 습득을 위한 공압 기술 이론과 실습, 성안당, 2006.

§ 한국산업인력공단, 자동제어공학, 2008.

§ 이일영, ㈜보쉬렉스로스코리아 교육사업부, 유압공학 단계적 학습 가이드, 문운당, 2012.

§ 이상호, 공유압일반, 복두출판사, 2019.

§ 윤홍식, 공유압기능사 실기, 광문각, 2022.

§ 설비보전기사 공개문제(2022년), Q-net, http://www.q-net.or.kr

유튜브(YouTube) 검색창에서
'윤교수의 공유압실'을 검색하시면
윤홍식 저자의 다양한 공유압 관련 동영상 강의를 이용하실 수 있습니다.

2024 새로운 출제 기준에 의한
설비보전기사 실기
(전기 공유압회로 설계 및 구성)

| 2024년 | 2월 | 20일 | 1판 | 1쇄 | 발 행 |
| 2024년 | 7월 | 15일 | 1판 | 2쇄 | 발 행 |

지 은 이 : 윤 홍 식
펴 낸 이 : 박 정 태

펴 낸 곳 : **광 문 각**

10881
경기도 파주시 파주출판문화도시 광인사길 161
광문각 B/D 4층
등   록 : 1991. 5. 31 제12-484호
전 화(代) : 031) 955-8787
팩   스 : 031) 955-3730
E - mail : kwangmk7@hanmail.net
홈페이지 : www.kwangmoonkag.co.kr

ISBN : 978-89-7093-042-8 93560

 한국과학기술출판협회회원
KSPA

값 : 20,000원

kwangmoonkag